指尖花意

微缩黏土花创意设计与手工制作

爱林博悦　主编

是阿闷啊　编著

人民邮电出版社

北京

图书在版编目（CIP）数据

指尖花意：微缩黏土花创意设计与手工制作 / 爱林博悦主编；是阿闷啊编著. -- 北京：人民邮电出版社，2023.12
ISBN 978-7-115-62235-8

Ⅰ. ①指… Ⅱ. ①爱… ②是… Ⅲ. ①粘土—手工艺品—制作 Ⅳ. ①TS973.5

中国国家版本馆CIP数据核字(2023)第161268号

内 容 提 要

花卉的美丽总是转瞬即逝，而微缩黏土花却可以让这份美丽长久存留。在黏土手作达人阿闷手下，娇艳的花卉像被施了魔法一样变成了微缩版，并且保持了让人难以置信的真实感和精致感。树脂粘土独特的细腻感和光泽感，能让制作出的微缩黏土花显得娇嫩清新、美丽迷人。

本书根据黏土手作学习的进度，将内容分为4章。第1章聚焦于颜色，主讲黏土调色的方法及配色技巧。第2章聚焦于造型技巧，介绍常用的工具和材料，以及花瓣、叶片、花蕊、枝干等不同部位的制作方法。第3章为新手入门案例，选取8种常见的花卉，教读者制作出完整的黏土花作品。第4章为进阶型案例，详细讲解9种造型较为复杂的花卉的制作方法。

本书讲解细致、图片精美，适合黏土手工爱好者阅读、参考。

◆ 主　　编　爱林博悦
　　编　　著　是阿闷啊
　　责任编辑　宋　倩
　　责任印制　周昇亮

◆ 人民邮电出版社出版发行　　北京市丰台区成寿寺路 11 号
　　邮编　100164　　电子邮件　315@ptpress.com.cn
　　网址　https://www.ptpress.com.cn
　　天津市豪迈印务有限公司印刷

◆ 开本：690×970　1/16
　　印张：11　　　　　　　　　　2023 年 12 月第 1 版
　　字数：282 千字　　　　　　　2023 年 12 月天津第 1 次印刷

定价：69.80 元

读者服务热线：(010)81055296　印装质量热线：(010)81055316
反盗版热线：(010)81055315
广告经营许可证：京东市监广登字 20170147 号

目录
Contents

第 1 章
黏土的调色技巧与常用颜色

第 2 章
微缩黏土花的造型技巧

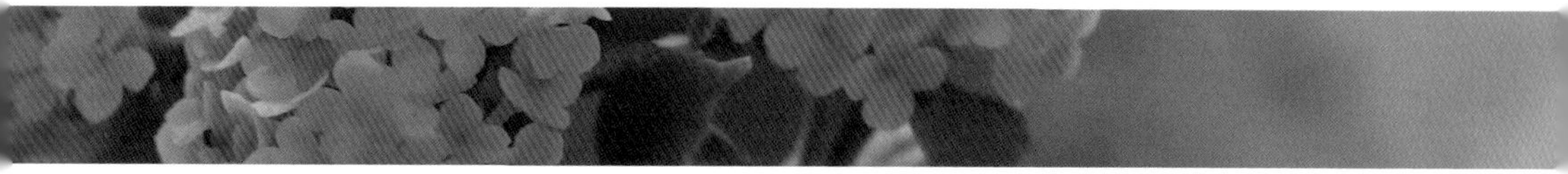

第3章

新手入门案例

第4章

进阶型案例

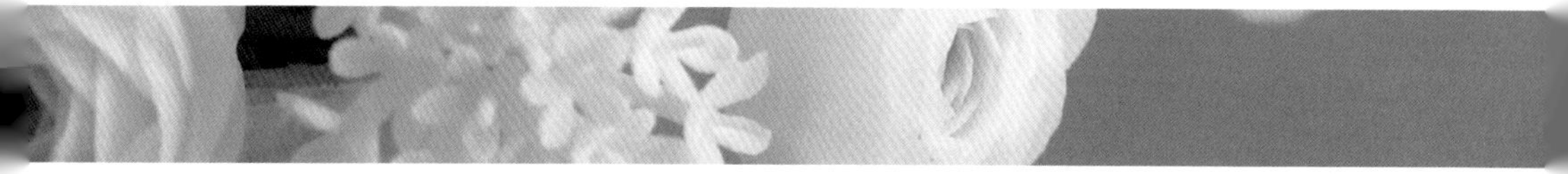

第 **1** 章

黏土的调色技巧与常用颜色

在制作黏土花之前，需掌握黏土调色技巧。黏土调色是指运用色彩理论知识，通过在树脂黏土中混合各色油画颜料，改变树脂黏土的色相、明度、饱和度等。

CHAPTER ONE

1.1
色彩基础知识

掌握色彩基础知识可以使调色变得轻松，其中色彩三原色、明度、饱和度、补色、色温对调色有着重要影响。

三原色
红、黄、蓝。

明度
颜色的明暗程度。

饱和度
颜色的鲜艳度和纯度。

补色
色环中相对的两种颜色，例如黄与紫、蓝与橙、红与绿。

色温
颜色的冷暖程度。

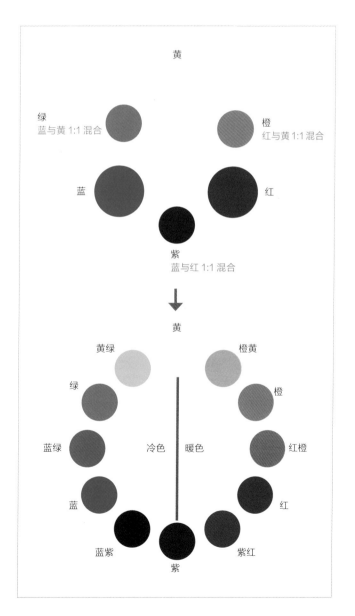

1.2

黏土调色的方法

在黏土调色中，掌握两点知识便可调出基础颜色。以下我们以
调和一种颜色为例，详细介绍这两点知识。

第一：混合黏土

湿度大、软度高、透
明度高

较干、硬度高、透
明度低

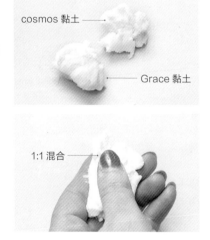

本书使用的黏土为日清树脂黏土，其中 Grace 黏土和 cosmos 黏土为常备黏土。Grace 黏土湿度大、
软度高、透明度高，cosmos 黏土较干、硬度高、透明度低。我们需按照 1:1 的比例将这两种黏土混合，
使黏土的湿度、软度、透明度适中。

黏土保存提示

取用黏土后，需用保鲜膜将已开封的黏土包裹紧实，或将黏土放入保鲜袋中，以防黏土因接触空气后
变干，而无法继续使用。

第二: 调出基础色

1 白

2 绯红

3 玫瑰灰

4 永固玫红

5 橙相柠檬黄

6 珊瑚红

7 亮黄 NO.2

8 亮黄 NO.1

9 永固柠檬黄

10 淡柠檬黄

11 土黄

12 马尔斯棕

13 红相淡紫

14 永固紫

15 群青

16 土绿

17 树绿

18 朱砂绿

黏土调色需用到油画颜料,本书使用的颜料有酷莎艺术家级油画颜料、温莎牛顿油画颜料,上图为常用色。

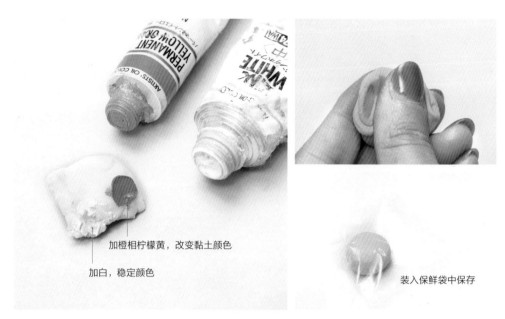

加橙相柠檬黄，改变黏土颜色

加白，稳定颜色

装入保鲜袋中保存

在黏土调色时，先在黏土中加入油画颜料，再充分揉搓黏土，使黏土染色均匀。

上图中，调橙色黏土时，先在黏土中加入白色，稳定黏土颜色，再加入橙相柠檬黄改变黏土颜色。注意，调色时需先在黏土中加白，稳定黏土颜色；加入其他颜色时，需少量多次添加。

1 白 + 淡柠檬黄

2 白 + 橙相柠檬黄

3 白 + 橙相柠檬黄 + 绯红

4 白 + 永固玫红

5 白 + 红相淡紫 + 永固玫红

6 白 + 永固紫

7 白 + 群青 + 永固紫

8 白 + 群青

9 白 + 树绿 + 群青

10 白 + 土绿

11 白 + 朱砂绿 + 淡柠檬黄

1.3
不同色系的黏土调色技巧

红色系 | 红色系多为花卉的用色，在基础调色后，时常需要改变红色的明度、饱和度，甚至改变红色的色彩倾向，这就需要用到三种调色方法。

明度调色法

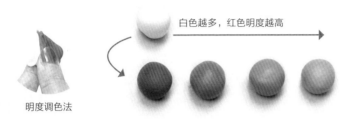

白色越多，红色明度越高

明度调色法

该调色法可提高黏土的明度，即加入白色黏土，使黏土颜色变浅。调色时加入的白色黏土越多，则黏土颜色越浅。

补色调色法

绿色越多，红色饱和度越低

补色调色法

补色为色环中相对的颜色，红色的补色为绿色，在红色中加入绿色可降低红色的饱和度。我们在调黏土颜色时会加少量补色。

冷暖调色法

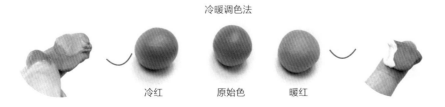

冷暖调色法

冷红　　　原始色　　　暖红

同一色系中，颜色有冷暖色彩倾向，冷暖调色法便是增强色彩倾向的调色方法，即在原始色中，加入色环中与之相邻的冷色或暖色，使原始色偏冷或偏暖。

绿色系 在微缩黏土花的制作中，绿色多为枝干和叶片的用色。当然，少数花瓣也会用到绿色，例如本书案例中的绣球花、铁线莲。

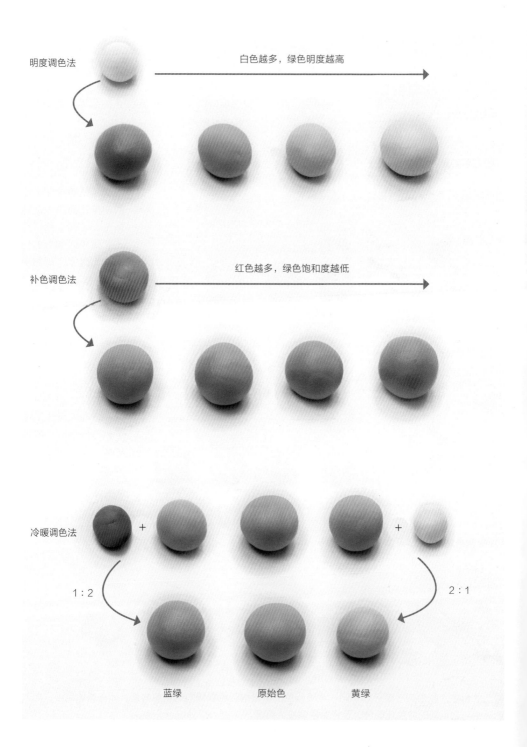

明度调色法　　　　　　　　　　白色越多，绿色明度越高

补色调色法　　　　　　　　　　红色越多，绿色饱和度越低

冷暖调色法　　+　　　　　　　　　　　　　+

1:2　　　　　　　　　　　　　　2:1

蓝绿　　　　原始色　　　　黄绿

| 黄色系 | 黄色色彩明亮，是一种温暖、欢快的颜色。本书黄色系的微缩黏土花调色多采用明度调色法和冷暖调色法。 |

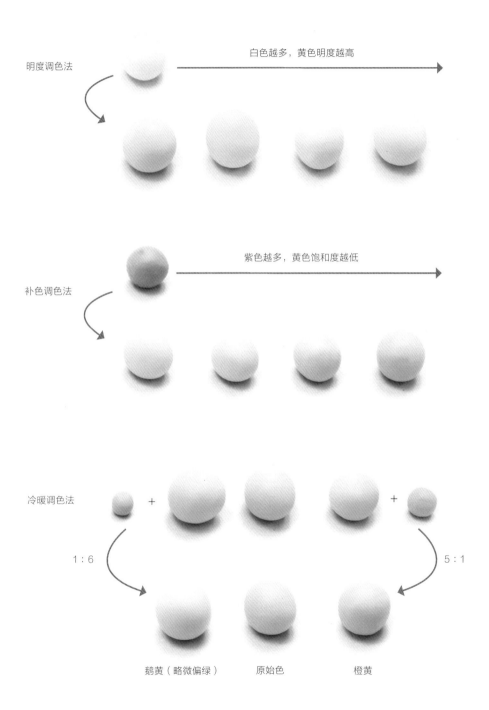

明度调色法

白色越多，黄色明度越高

补色调色法

紫色越多，黄色饱和度越低

冷暖调色法

+

+

1 : 6

5 : 1

鹅黄（略微偏绿）　　原始色　　橙黄

紫色系 紫色是一种饱和度较高的色彩。在用紫色系的黏土调色时，需采用补色调色法降低它的饱和度，使其色彩稳定，其次调它的冷暖倾向和明度。

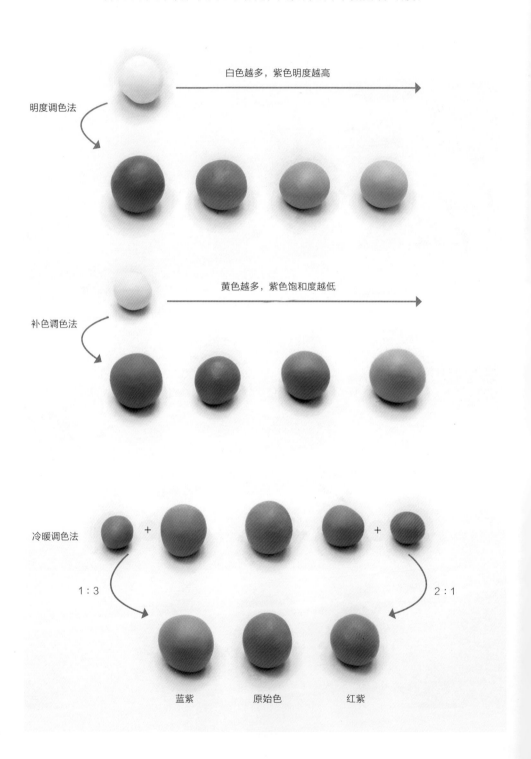

明度调色法

白色越多，紫色明度越高

补色调色法

黄色越多，紫色饱和度越低

冷暖调色法

1:3

2:1

蓝紫　　　　原始色　　　　红紫

橙色系 橙色在色环中位于红色和黄色之间,它的左右都为暖色,因此,我们极少使用冷暖调色法调整它的冷暖倾向;在用橙色系黏土调色时,可使用明度调色法提高它的明度,用补色调色法降低它的饱和度。

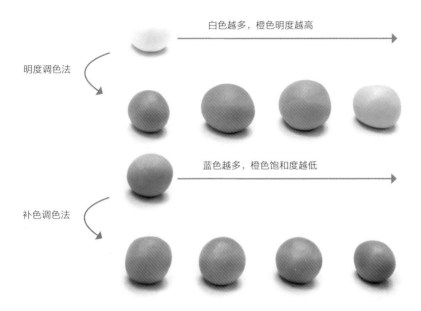

白色越多,橙色明度越高

明度调色法

蓝色越多,橙色饱和度越低

补色调色法

蓝色系 蓝色在色环中位于绿色和紫色之间,它的左右都为冷色,因此,蓝色系调色多采用明度调色法和补色调色法,冷暖调色法在蓝色系调色中并不实用。

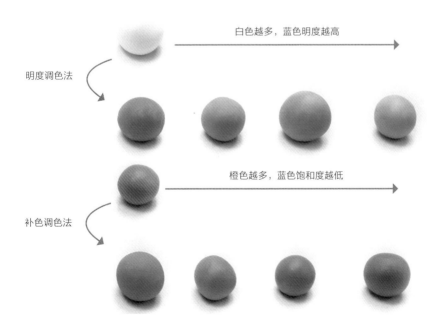

白色越多,蓝色明度越高

明度调色法

橙色越多,蓝色饱和度越低

补色调色法

1.4

配色技巧

配色是将多种不同的颜色按照一定的规律、比例、主题搭配在一起，以使画面色彩表达特定的视觉效果。

初期学习黏土花的配色，可以循序渐进地学习以下几类配色方法。

和谐统一的配色

考虑颜色的明度、饱和度、色相等基本属性，让颜色的基本属性和谐。

配色示范

水仙的颜色有白、黄、绿三色，花朵的白和黄都是明度高、饱和度高的颜色，为了与花朵相配，叶片同样需用饱和度高且明亮的绿色。

花蕊为柠檬黄，副花冠为鹅黄，颜色稍有变化。

叶片选取黄绿色，与花蕊和副花冠的黄色色相协调，用色同为暖色；叶片的颜色有深浅渐变，配黏土颜色时，选用较浅的黄绿色，较深的黄绿色为后期上色。

对比配色

采用补色、冷暖对比等方式搭配颜色。

图中蝴蝶兰整体为补色（红、绿）配色。花瓣由内至外为浆果深红、浅玫粉、浅黄绿，花瓣的红色部分纯度高，为了中和红色，搭配浅黄绿；叶片选择较深的冷绿以增强对比，使整个盆栽充满生机和张力。

让单色调更为丰富

如果花卉颜色较为单一，则可以通过深浅搭配等方式丰富色彩。

花毛茛的总体配色是白绿搭配，白色与另一种颜色搭配，为单色调配色方案。为了使单调的绿色丰富起来，可变换绿色的色彩倾向，同时使明度、饱和度、冷暖有变化。

寻找多种颜色的共性

寻找不同颜色的共性，使颜色协调。当花卉用色较多，或者色相和冷暖对比强烈时，可调控颜色的饱和度、明度以及色彩倾向等，让不同的颜色产生共性，使颜色和谐。

图中的玫瑰，花朵的颜色有粉、紫、黄等，叶片的绿色较深。

玫瑰用色较多，且花与叶的颜色对比强烈，因此，颜色的饱和度不可过高，所有颜色都需降低饱和度，避免配色杂乱。

花朵的颜色整体偏冷，单朵花的内外层花瓣，使用同色相的明度递增方式配色，即由内至外，颜色从深到浅。

叶片使用饱和度低的灰蓝绿色，并在叶尖加入粉色，使色温和饱和度与花朵颜色相协调。

配色示范 2

仙客来的叶片与花梗分别为深绿和深红，两者对比强烈。为了协调两色，调深绿色时需少量加入红色，调深红时需少量加入绿色，使颜色的饱和度降低，并使两色存在共性。

叶片为较深且色温偏冷的绿，需要加入树绿、群青、玫瑰灰调黏土颜色；花梗与叶片的饱和度需协调，将其颜色设计为低饱和度的深红，即在红色中加入玫瑰灰，再加入少量与叶片用色一样的蓝绿。

2
第 章

微缩黏土花的造型技巧

CHAPTER TWO

2.1
工具与材料

本书使用的工具与材料为基础的配置，对于微缩黏土花的制作来讲，这些工具足够了。

基本工具

在为微缩黏土花造型阶段对某些工具的样式有一定的要求，以下详细介绍本书使用的工具。

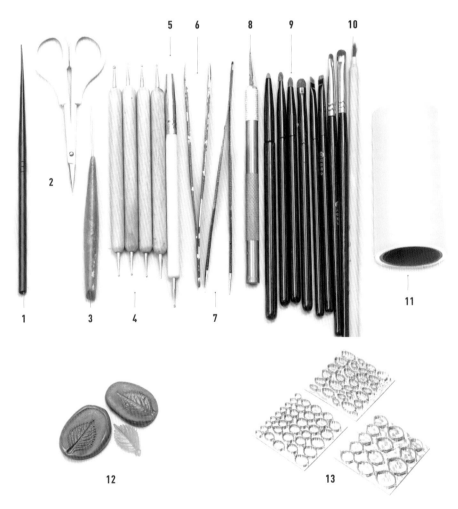

1 开花棒	4 丸棒	7 尖头镊子	10 勾线笔	13 叶片外形模具
2 剪刀	5 硅胶笔	8 刻刀	11 擀杖	
3 细节针	6 圆头镊子	9 笔刷	12 叶片纹理模具	

开花棒

用于擀开黏土。微缩黏土花的制作，需使用尖头、细长的开花棒。

细节针

用于刻画花瓣或者叶片纹理。

硅胶笔

因笔头光滑、柔软，常用于抹平黏土的接缝。

尖头镊子

用于夹出花瓣、花苞、枝干的起伏。

笔刷

用于黏土表面的上色。

擀杖

用于擀开大量黏土。

叶片外形模具

用于压制外形复杂的叶片。

剪刀

用于修剪黏土和纸包铁丝。

丸棒

用于弧形花瓣和花萼的造型。微缩黏土花的制作需选用细小的丸棒。

圆头镊子

镊头需圆润，适用于夹出合瓣花的小花瓣。

刻刀

用于划出花苞的分瓣。

勾线笔

用于勾画花瓣上的细小纹理。

叶片纹理模具

用于压制叶片的纹理。

常用的材料

在微缩黏土花的制作中，一些材料用途相同，但在使用时要区分。以下为本书使用的材料，我们来了解一下其用法。

纸包铁丝

本书使用了 30 号和 35 号的纸包铁丝，其中 30 号比 35 号粗，一般 30 号用于主干，35 号用于分枝。

30号纸包铁丝

35号纸包铁丝

油画颜料

当黏土花需细腻着色时，例如上色前需通过多色调和，上色后颜色有渐变感且柔和，或者想要表现厚重感等，可用油画颜料上色。

色粉

想要黏土花的颜色层次丰富、颜色清透，可选用色粉上色。

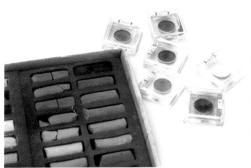

花蕊粉

花蕊粉有两种，一种是细小的颗粒，另一种为絮状，在使用时依据花卉实际情况选择。

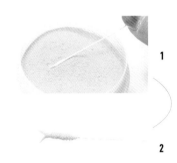

1 在黏土表面涂白乳胶，再用其去蘸花蕊粉。

2 取出晾干。

爽身粉

爽身粉在黏土花的制作中，主要作用是防止黏土粘连，或黏土与工具粘连，避免造型困难。

1 用丸棒蘸爽身粉。

2 再用丸棒为黏土造型。

保鲜袋与保鲜盒

用于保存黏土。黏土调色完成后，需尽快装入保鲜袋中，以防黏土干燥后无法使用；使用完成后，将装在保鲜袋中的黏土放入保鲜盒中保存。

海绵垫

用于黏土的晾干。将造型完成后的黏土置于海绵垫上，可防止黏土变形，最大限度地保留黏土造型。

透明书皮

擀制黏土薄片时的小道具。

白乳胶

在造型阶段用于黏土之间的粘连，以及黏土与其他材料的粘连。

2.2
离瓣花花瓣造型技巧

黏土花按照花冠可分为两种，一是离瓣花，二是合瓣花。以下详细介绍离瓣花花瓣的制作方法。

离瓣花的花瓣为分离类型，因此在制作离瓣花时先制作单片花瓣，再将花瓣与花蕊粘连，组合成一朵花。

以下分别介绍花瓣的基本制作方法、制作时常见问题的解决方案、不同形状花瓣的制作方法。

花瓣的基本制作方法

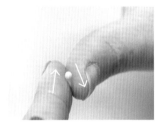

01 将黏土搓成水滴状。

02 用开花棒在黏土中间轻轻压一下。

> **小贴士**
>
> 将黏土放置在指腹偏上的位置，凭指腹较为凸起的地方托住黏土，使其更加平稳。

03 由黏土中间压痕处向一侧滚动开花棒，将一侧的黏土擀开。

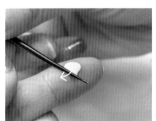

04 以相同的方法擀开另一侧黏土。

> **小贴士**
>
> 把开花棒稍放平，让开花棒不接触黏土尖头端，接触黏土（圆头端）。

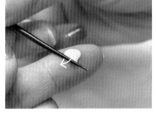

05 从黏土一侧擀到另一侧，使黏土表面平整。

制作时常见问题的解决方案

初学擀制黏土花瓣时，通常会面临三个常见问题。以下针对三个常见问题，给出具体解决方案。

问题 1：滚动开花棒时，黏土卷住开花棒并随之滚动。

分析：出现这种情况，一般是因为手指太干，黏土与手指不粘连。

解决方案：在制作黏土花瓣之前，双手涂抹一些护手霜；或在制作过程中，用拇指轻轻压住黏土。

问题 2：用开花棒反复擀开黏土，加大花瓣时，水滴形花瓣变成了椭圆形花瓣。

 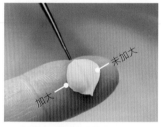

分析：开花棒放置的角度及位置错误，并且擀黏土时未从中间向两侧擀。

解决方案：如左图所示。

把开花棒稍微平放，并轻压在黏土中间，让开花棒与黏土圆头端接触；再由中间向一侧滚动开花棒，使花瓣中间厚、边缘薄。

问题 3：不知道擀薄花瓣边缘的同时，使花瓣圆头端弧度平缓的方法。

分析：黏土放置的位置、开花棒与黏土的接触面至关重要。

解决方案：如左图所示。

把黏土放到食指侧面，放平开花棒，让其与花瓣边缘接触，再滚动开花棒。

擀制完成后，用开花棒由下至上剥离花瓣，使其造型完整。

不同形状花瓣制作方法

在水滴状花瓣的基础上，可制作出不同样式的花瓣。以下介绍三种常见花瓣的制作方法。

01 以花瓣的基本制作方法制作水滴状花瓣。

02 用开花棒在花瓣边缘压出波浪状痕迹。

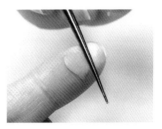

03 以擀薄花瓣边缘的方法将边缘擀平。

04 用开花棒由下至上剥离花瓣，使花瓣造型完整。

花瓣效果

01 将黏土取下，再将其放置在食指侧面。

02 以擀薄花瓣边缘的方法，间隔式擀花瓣边缘。

03 一边擀薄，一边往回推，使边缘形成褶皱。

常见花瓣 3

01 把黏土搓成水滴状。

02 轻轻压扁黏土。

03 把圆头端剪开。

04 分左右两侧压两道压痕。

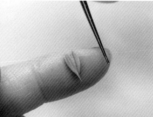

05 分左右两侧分别擀开黏土，
再从左向右擀一次，使其表
面平整。

2.3

合瓣花花瓣造型技巧

合瓣花的各花瓣相互联合，形成一体式花冠。在制作合瓣花时，需将黏土一端分成若干等份，再将黏土搓开。

以下分别介绍四瓣、五瓣和筒状合瓣花的制作方法。

四瓣合瓣花

01 将黏土搓成水滴状，用剪刀把圆头端对半剪开。

02 再一次对半剪开圆头端黏土。

03 将四瓣黏土分开一些。

04 把其中一瓣黏土轻轻靠在食指侧面，用开花棒轻压中间。

05 把开花棒稍微放平，向一侧搓开黏土。

06 再向另一侧搓开黏土。

07 用开花棒由下至上剥离花瓣。

向中间聚拢

08 用相同的方法搓开其他花瓣。

小贴士

搓开一片花瓣时，需将前一片花瓣稍微向中间聚拢，以防搓开的两片花瓣，在同一平面展开后相互粘连。

09 将开花棒扎于花朵中间
位置。

10 把开花棒对齐花朵中间位
置，统一擀一次花瓣。

五瓣合瓣花

多

少

01 把水滴状黏土的圆头端剪
开，其中一份多，另一
份少。

02 把少的一份对半剪开。

03 把多的一份分成三等份。

花瓣效果

04 把分开的黏土尖头端修剪
平整。

05 用四瓣合瓣花的擀开方法完
成花瓣的制作。

如何制作有花裂的花瓣

01 把黏土圆头端剪成五份，在
五份黏土尖头端剪一刀。

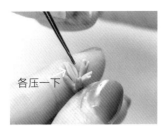

各压一下

02 用开花棒在花瓣的左右两侧各压一下。

03 分左右两侧，由中间向边缘擀开花瓣。

花瓣效果

04 将开花棒扎于花朵中间位置，再对齐花朵中间位置将花瓣统一擀一次。

筒状合瓣花

01 用五瓣合瓣花的制作方法完成基础造型。

02 把开花棒深入花朵中间位置，再向外侧推动，塑造筒状造型。

03 用开花棒的圆头端卷一下花瓣。

花瓣效果

2.4

叶片造型技巧

叶片的造型分外形和纹理两部分，制作方法分擀开制作法、剪切制作法和模具制作法。

擀开制作法

擀开制作法为基础的叶片制作方法，一般用来制作椭圆形叶片。

椭圆形叶片

01 取一块黏土，用手指分别搓上下两端，将黏土搓成梭形。

 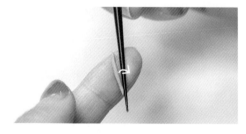

02 把开花棒压在黏土中间。

03 将开花棒向一侧滚动，擀开一侧黏土。

04 由中间向另一侧滚动开花棒，擀开另一侧黏土。

05 把开花棒由黏土一侧滚动到另一侧，使黏土表面光滑。

剪切制作法

剪切制作法适合制作有分裂的叶片，例如戟形叶片、掌状叶片等。

戟形叶片

01 将黏土搓成梭形，再轻轻压扁。

02 用剪刀将一端尖头剪成三份。

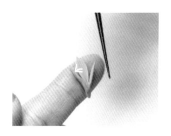

03 把黏土放置于指腹上，用开花棒压在其中一份黏土中间。

04 向一侧滚动开花棒。

05 以相同的方法擀开另一侧。

叶片效果

06 以相同的方法擀开所有黏土，叶片基础形状完成。

07 用细节针划出叶脉。

模具制作法

模具制作法适用于制作大量叶片或造型复杂的叶片，一般会用到两种模具，其中叶片外形模具需购买，而叶片纹理模具可以自制。以下详细介绍叶片纹理模具的制作方法和叶片模具的使用方法。

可自制

需购买

小贴士

叶片外形模具的购买事宜，可在各大自媒体平台咨询 @ 是阿闷啊。

叶片纹理模具的制作方法

购买时搜索关键词：取模土

叶片

01 准备取模土和一片叶片，取模土分A材和B材。尽量找与花卉案例中对应的叶片。

02 按照1:1的比例将A材和B材混合。

可用亚克力
板作为台面

小贴士

取模土表面成膜后，下一步覆盖取模土便不会粘连。

03 将取模土放置在光滑平整的台面上，并按照叶片的大小调整取模土形态。

04 将叶片嵌入取模土中，静放2分钟让取模土表面成膜。

05 取相同分量的取模土覆盖叶片。

06 用一个光滑平整的物体压一下取模土。

07 静放5分钟，使取模土晾干成型。

叶片纹理模具效果

08 分开取模土，取出叶片。

叶片模具的使用方法

01 将黏土搓成条状，置于透明书皮中。

02 用擀杖把黏土擀成薄片。

03 打开透明书皮，取对应的叶片外形模具。

 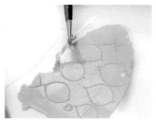 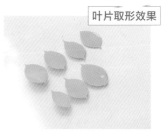

04 把叶片外形模具放在黏土片上，垂直用力按压。

05 用镊子夹住黏土边缘，去掉多余黏土。

中心对齐

06 将取形后的叶片放置于叶片纹理模具。

07 用另一个模具压住叶片，制作纹理。

叶片纹理效果

08 取下上方的叶片纹理模具。

2.5

花蕊的制作方法

在制作花蕊时，常用的方法有搓、夹、剪三种。

搓

搓的制作手法，适合制作花丝细长，且大小均匀的花蕊。本书花卉案例中芍药的花蕊就采用了搓的制作方法。

01 把黏土置于桌面，用手指将其搓细。

02 晾干黏土丝，使黏土定型，再将其剪成小段。

03 用白乳胶把黏土丝粘到纸包铁丝上。

夹

夹的制作手法，适合制作呈三棱状的花蕊。本书花卉案例中郁金香的花蕊便是用夹的制作方法。

01 把黏土搓成长水滴状。

02 用镊子分三次轻夹黏土。

花蕊造型效果

03 稍微弯曲黏土。

剪

剪的制作手法，适用于制作花丝大小与长短不一，且稍大的花蕊。本书花卉案例中风铃草的花蕊便用的是剪的制作方法。

01 把黏土搓成水滴状。

02 把水滴状黏土的尖头端剪成若干份。

03 在花蕊底端插入纸包铁丝，在尖头端涂白乳胶。

04 把花蕊埋入花蕊粉中，制作
出花药。

2.6

枝干的制作方法

在黏土花的制作中，枝干的制作方法基本相同（花梗的制作手法也与其相同），且所有花卉的制
作都需要用到该技巧。以下详细介绍枝干的制作方法。

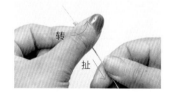

转

扯

01 在纸包铁丝上涂上白乳胶。

02 将黏土贴到纸包铁丝的
下方。

03 一手捏住黏土向上转动，一
手向下扯纸包铁丝。

04 将黏土包到纸包铁丝上后，
再用手掌将黏土搓光滑。

2.7

花萼的制作方法

花萼与合瓣花的制作方法相似，区别在于萼片尖细，因此，需剪开水滴状黏土的尖头端，而非圆头端。

01 把黏土搓成水滴状。

02 将尖头端剪成五份。

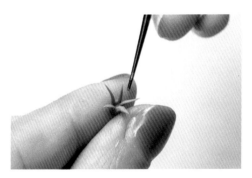

03 用开花棒把剪开的黏土分开。

04 开花棒稍微立起，擀开黏土。

花萼效果

第3章

3

新手入门案例

CHAPTER THREE

Name: Gypsophila paniculata
Laboratory: amen

3.1
满天星

花 15 ~ 16 朵
2 ~ 3 朵为一组

花朵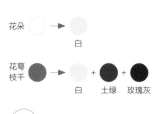

白

花萼
枝干 ● → ● + ● + ●

白   土绿 玫瑰灰

小贴士

花朵为白色，在黏土中加入白色以降低透明度，稳定颜色。

花萼及枝干的颜色为饱和度较低的绿色。首先在黏土中加入少量白色以稳定色相，接着以土绿为底色，再加入少量的玫瑰灰降低绿色的饱和度。

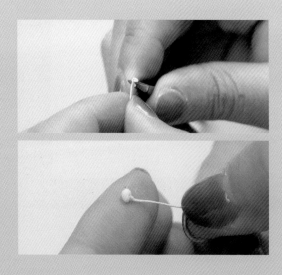

重点

在制作球状花或花蕊时，需先用镊子将纸包铁丝一端折成弯钩，再把黏土包裹在弯钩上。球状黏土较重，包裹在纸包铁丝上容易下滑，而弯钩状的纸包铁丝加大了与黏土的接触面，对黏土有支撑作用，可防止黏土下滑。

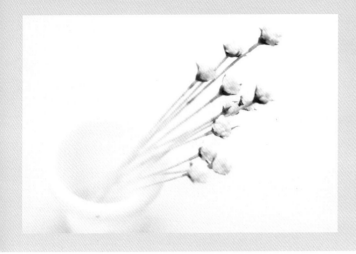

花朵制作要点

满天星花小，蓬松呈球状，在制作时需尽量将黏土挑散；花萼小巧，制作时要减少其视觉上的存在感以衬托出饱满的花形。

01 取35号纸包铁丝，把一端折成弯钩；取白色黏土，把弯钩埋入黏土中。

花朵基础造型

02 用七本针戳出不规则纹理。

03 用细节针挑散黏土。

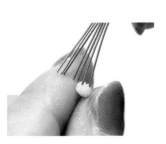

04 把绿色黏土搓成水滴状。

05 将尖头端剪成五份，剪开的长度大约为黏土整体长度的1/3。

萼片大小

06 用纸包铁丝穿过花萼，在花朵下方涂白乳胶固定花萼。

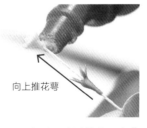

向上推花萼

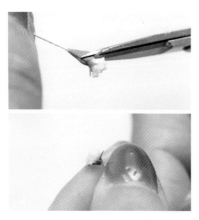

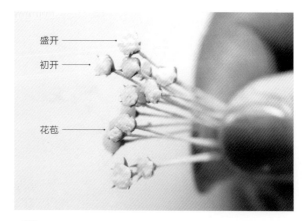

盛开 ———→

初开 ———→

花苞 ———→

07 剪掉多余的黏土，并用手指抹平
切口。

小贴士

制作满天星时，需制作不同阶段的花朵，其中花苞期和初
开期的花萼可微微包裹花冠。

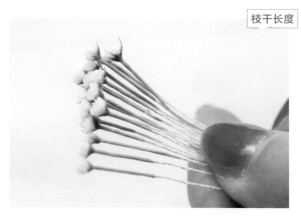

枝干长度

08 取少量绿色黏土包裹纸包铁丝，从花
萼底部开始往下包大约2cm。

上色效果

09 用笔刷蘸土绿色颜料，在花苞和初开
期的花朵顶端涂色。

斜剪后的截面

花枝组合要点

第一，在组合花枝时，将处于三个阶段的花混搭。

第二，在修剪花枝进行粘贴时，需斜剪花枝，加大花枝之间的接触面，从而粘贴得更牢固。

组合效果

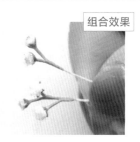

10 微微弯曲枝干，在弯曲处下方斜剪枝干。

11 在截面上涂白乳胶，进行粘贴。

12 选一枝花的枝干作为主干，并用黏土向下包裹主干。

13 在主干两侧粘贴花枝。

14 花枝组合完后，再用黏土向下包裹主干。

小贴士

黏土之间的粘贴、黏土与其他材料之间的粘贴，都需涂白乳胶。

3.2

勿忘我

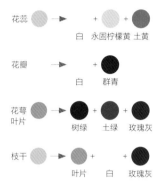

花蕊 ⬤ ➡ + ⬤ + ⬤
　　　　　白　永固柠檬黄 土黄

花瓣 ➡ + ⬤
　　　白　　群青

花萼
叶片 ⬤ ➡ ⬤ + ⬤ + ⬤
　　　　　树绿　土绿　玫瑰灰

枝干 ⬤ ➡ ⬤ + ⬤ + ⬤
　　　　　叶片　白　玫瑰灰

小贴士

花蕊为鹅黄色，在黏土中加入少量白色后，再加入永固柠檬黄和少量土黄。

花瓣为淡蓝色，在加入白色的黏土中，加入少量的群青即可。

花萼、叶片为低饱和度的黄绿色，在黏土中加入少量树绿、土绿，再加入少许玫瑰灰降低饱和度。

枝干的明度比叶片高，但饱和度比叶片低，取出部分调好的、用于制作叶片的黏土，加入少量白色，再加入少许玫瑰灰。

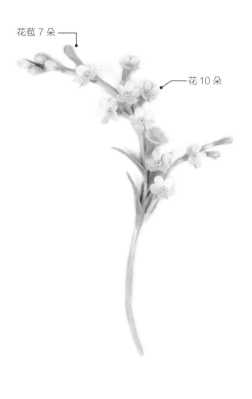

花苞 7 朵

花 10 朵

花柄长、微弯

往下间距逐渐拉大

左右错位分布

重点

在排列花朵、进行粘贴时，有两个要点：第一，花苞在上，盛开的花在下，二者依附主干左右错位分布；第二，花苞间距小，往下间距逐渐拉大，且盛开的花的花柄长、微弯。

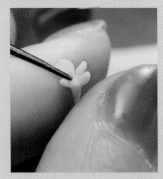

把尖角剪平

控制花瓣形态

花朵制作要点

勿忘我花瓣圆润，在擀开黏土前，把尖角剪平。在擀开黏土时，将黏土靠在食指侧面，有利于控制花瓣形态。

修剪效果

01 将黏土搓成圆头胖，尖头细长的形状。

02 把圆头端剪成五份，再剪平尖角。

擀开效果

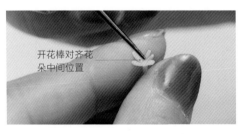

开花棒对齐花朵中间位置

03 把黏土靠在食指侧面，再用开花棒擀开。

涂白乳胶

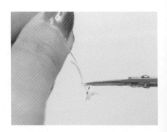

04 在纸包铁丝顶端涂白乳胶，由花朵的上方经花朵中间位置穿入纸包铁丝。

05 在花朵中心处预留一小段纸包铁丝。

06 剪去花朵下方的多余黏土。

07 取少量鹅黄色黏土，用开花棒压住黏土中心。

08 将鹅黄色黏土粘到花朵中心处。

09 将绿色黏土搓成水滴状。

10 把尖头端剪成五份。

11 用开花棒把黏土擀开。

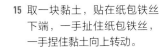  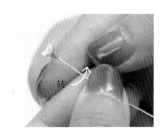

12 在花朵下方涂白乳胶固定花萼。

13 剪去花萼多余的黏土。

14 把花萼靠在食指侧面，转动枝干抹平黏土。

15 取一块黏土，贴在纸包铁丝下端，一手扯住纸包铁丝，一手捏住黏土向上转动。

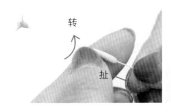 

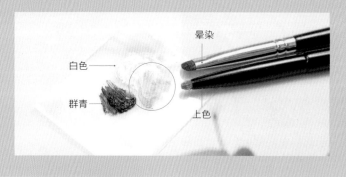

花瓣上色要点
上色需用到群青和白色，以及两支笔刷；调色时用笔刷蘸少量群青，加入白色中混合成淡蓝色。

白色

群青

晕染

上色

上色效果

16 在花瓣尖头端上色。

17 用干净的笔刷由外向内晕开颜色。

18 把纸包铁丝一端折成弯钩，并把黏土包裹在弯钩上。

19 在花瓣的颜色基础上，加少量永固紫。

20 为花苞下半部分上色。

21 用干净的笔刷将颜料向上晕开。

22 按照步骤9~15，制作花苞的花萼和花柄。

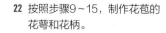

23 将黏土包裹在两根30号的纸包铁丝上，作为主干。

24 在花苞下方1cm处斜剪枝干。

25 对齐主干顶端，涂白乳胶，贴一个花苞。

26 错开上方花苞位置，往下继续贴花苞。

花苞效果

小贴士

往下粘花苞时，间距逐渐拉大。

花枝组合效果

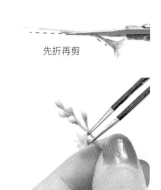

先折再剪

27 微弯花柄，再斜剪多余花柄。往下粘时，与花苞拉大间距。

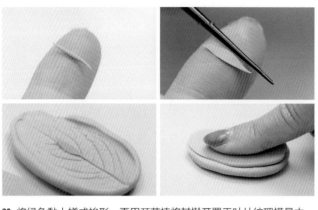

28 将绿色黏土搓成梭形，再用开花棒将其擀开置于叶片纹理模具中，压出纹理。

29 紧贴花柄粘上叶片。　　　　**30** 轻压叶尖，调整叶片弧度。

31 把小花枝组合的花柄斜剪开，注意，加大截面，以便后期粘合。

32 用白乳胶将小花枝组合粘到大花枝组合上，再用黏土固定。

3.3

牵牛花

花瓣 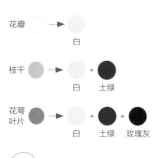 白

枝干 → + 白 土绿

花萼
叶片 → + + 白 土绿 玫瑰灰

小贴士

花瓣的基础色是白色，在白色
黏土加入少量白色即可。

枝干为偏浅的嫩绿色，在白色
黏土中加入少量土绿即可。

花萼、叶片为饱和度较低的土
绿色，在白色黏土中加入土绿，
再加入少许玫瑰灰。

花茎 1 根

叶片 3 片

花苞 1 朵

盛开的花 2 朵

重点

花瓣联合处有一道凹痕，花瓣中间有一个尖角凹
痕，五片花瓣的凹痕组合后会形成一个类似五角
星的图形。

牵牛花的外形为漏斗状，造型时需加深漏斗，展
平花瓣。

花朵制作要点
先将水滴状黏土擀开，再剪出五片花瓣。如遵循合瓣花的制作流程，则很难控制牵牛花的形态。

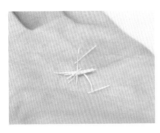

01 搓出若干白色黏土丝，晾干后剪成小段。

02 围绕纸包铁丝顶端用白乳胶贴4~5根黏土丝。

03 用剪刀把黏土丝修剪平整。

蘸花蕊粉效果

04 在黏土丝顶端涂白乳胶。

05 蘸上白色花蕊粉。

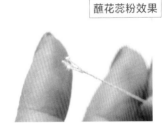

小贴士

先制作花蕊，将其放置在一旁晾干，之后与花瓣组合时，黏土之间才不会粘连，从而方便调整花蕊的位置。

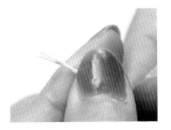

06 用白色黏土包裹纸包铁丝，固定花蕊根部。

07 去掉多余黏土。

08 把黏土搓成水滴状。

09 把开花棒稍微立起，将圆头端擀开。

剪大约 0.5cm

10 用剪刀剪出五片花瓣，不需要剪太深。

11 稍微平放开花棒，对齐花朵中心，把花瓣擀开。

12 稍微竖放开花棒，调整牵牛花的漏洞形态。

牵牛花擀开效果

13 用开花棒在花瓣联合处及中间压痕。

小贴士

开花棒的压痕宽且浅，较为平缓，适用于塑造底纹效果。

14 用细节针叠加压痕，在花瓣中间压两道，形成尖角凹痕。

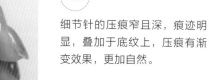

小贴士

细节针的压痕窄且深，痕迹明显，叠加于底纹上，压痕有渐变效果，更加自然。

15 在花蕊底部涂白乳胶，再将花蕊与花瓣组合固定。

16 用开花棒微卷花瓣，调整花形。

17 制作一个花萼。

18 把花萼与花瓣组合，剪去多余黏土。

19 抹平花萼底部黏土。

20 用黏土包裹纸包铁丝。

21 将黏土搓成米粒状。

22 用剪刀把黏土顶端分成五份。

23 把五份黏土擀开。

24 在纸包铁丝顶端涂白乳胶，再缓缓穿入花朵。

涂白乳胶—

25 顺着一个方向，把花瓣一片压一片排列。

26 轻轻捏住花瓣顶部，顺着花瓣排列方向拧动。

27 以同步骤17~20的方法为花苞制作花萼和花柄。

28 把黏土搓成水滴状再压扁。

29 用剪刀把尖头端分成三份。

30 擀开黏土，把叶柄处的黏土向内推。

31 擀平叶柄处的黏土。

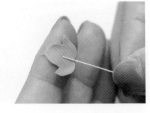

32 在纸包铁丝上涂白乳胶，粘上叶片上。

33 把纸包铁丝埋入黏土中。

永固玫红
永固紫
白

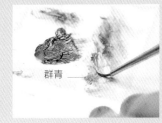

群青

上色要点

花瓣和花苞的用色为白 + 永固紫 + 永固玫红。

花瓣纹理的用色：在花瓣的用色中加入群青。

叶脉效果

34 用叶片纹理模具压出叶脉。

35 用黏土包裹纸包铁丝。

花瓣上色效果

36 在花瓣边缘上色。

37 用干净的笔刷，由外向内晕染颜色。

纹理上色效果

38 用勾线笔在尖角凹痕处上色。

39 用干净的笔刷将颜色晕开。

40 用黏土包裹35号纸包铁丝，缠绕于开花棒上，制作牵牛花的花茎。

41 把多余的叶柄斜剪掉。

42 把叶子和花茎粘贴组合，再用黏土包裹固定。

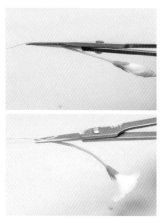

43 花苞和盛开的花以同样的方法粘贴组合。注意，每粘一朵花，都需用黏土向下包裹枝干。

Name Sandersonia aurantiaca

Laboratory amen

Home Natural Set

Original

3.4
宫灯百合

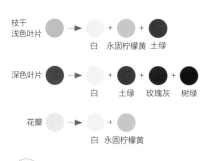

枝干
浅色叶片 → 白 + 永固柠檬黄 + 土绿

深色叶片 → 白 + 土绿 + 玫瑰灰 + 树绿

花瓣 → 白 + 永固柠檬黄

小贴士

枝干的颜色为黄绿色,先在黏土中加入白
色,再加永固柠檬黄,再少量多次加土绿;
深色叶片以土绿为底色,在黏土中先加入
白色少量多次加玫瑰灰,以降低其饱和度,
最后少量多次加树绿,调整该颜色的冷暖;
花瓣为浅黄色,为了降低黏土颜色的透明
度,稳定颜色,先用白色打底,再少量多
次加永固柠檬黄。

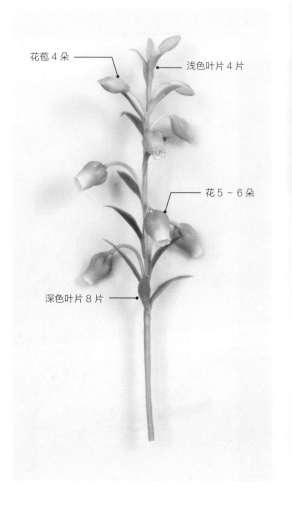

花苞 4 朵

浅色叶片 4 片

花 5～6 朵

深色叶片 8 片

重点

宫灯百合为多色渐变的花卉,
当花瓣出现多色渐变时,需确
定花瓣的色系,再选择此色系
的浅色为底色。例如宫灯百合
的花瓣为黄色系,则选择浅黄
色为底色,且注意需有一个黄
绿色花苞。

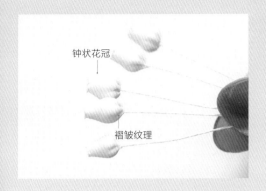

钟状花冠

褶皱纹理

钟状花冠造型要点

1. 在为宫灯百合的钟状花冠造型时，需用丸棒制作外凸部分。

2. 制作宫灯百合花瓣上的短裂片，需用圆头镊子夹住黏土边缘，轻轻上提。

3. 制作宫灯百合花瓣上的褶皱纹理，需用尖头镊子轻夹黏土，制作褶皱。

01 把黏土搓成水滴状，再将尖头端分出三份。将另一端插入35号纸包铁丝。

02 把黏土固定在纸包铁丝一端，调整花蕊形态。

03 在花蕊下端裹一层黄绿色黏土，置于一旁晾干。

04 把黏土搓成水滴状，用开花棒擀开尖头端，以能放进小号丸棒为准。

05 轻轻地向上推丸棒，调整圆头端的外凸形态，再用手指轻捏圆头端，调整造型。

小贴士

丸棒作用一，固定黏土，方便造型；作用二，向上推黏土，让钟状花冠造型更饱满。

 六道褶皱

06 用尖头镊子轻夹圆头端，在圆头端夹出六道褶皱。

07 用尖头镊子夹住褶皱末端，向上提拉，让褶皱在末端处聚拢。

08 组合花蕊与花冠。

09 用开花棒轻压凹痕，让花冠末端聚拢，褶皱更明显。

10 用圆头镊子轻夹花冠边缘，再向上拉，制作出六片短裂片。

短裂片

盛开的花效果

花苞浅剪效果

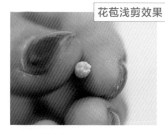

11 把黏土搓成椭圆状。

12 将黏土一端剪成六份。注意，浅剪即可。

花苞造型要点

提前制作枝干

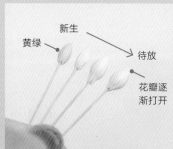

新生

黄绿

待放

花瓣逐渐打开

1. 制作花苞前制作枝干。
2. 制作从新生到待开放的花苞，用色有黄绿色和浅黄色；制作待开放花苞时，需制作出短裂片。

13 把枝干放入花苞中。

14 用尖头镊子夹出六道褶皱。

15 用开花棒轻擀黏土，调整花苞末端形态。

16 对齐黏土切口，用刻刀加深褶皱，制作好紧闭的花苞；而待开放的花苞，需用剪刀剪出上方的短裂片。

17 用黏土为盛开的宫灯百合包裹枝干，完成花朵的造型。

花朵由新生到盛开的过程

小贴士

由新生到盛开，花形由小到大。

上色要点

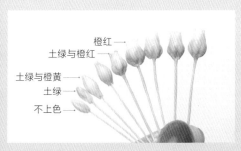

橙红 ——
土绿与橙红 ——
土绿与橙黄 ——
土绿 ——
不上色 ——

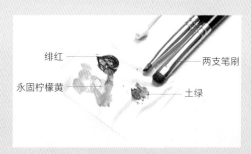

绯红 ——
永固柠檬黄 ——
—— 两支笔刷
—— 土绿

新生花苞至盛开的花，颜色由土绿逐渐过渡到橙红，调橙黄时永固柠檬黄占比多，调红橙时，绯红的占比多。

18 由花朵的底部开始上色，上色至花朵外凸部分。

19 用干净的笔刷将颜色向顶部晕染。

20 在花朵顶端刷上土绿色。

21 用干净的笔刷将颜色向下晕染开。

22 把黏土搓成梭形，再擀开。

23 把纸包铁丝埋入黏土中。

24 捏紧根部黏土，再抹平。

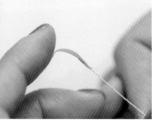

25 用细节针划出叶脉，再调整叶尖弧度。

26 以相同的方法制作若干老叶和新叶，晾干黏土后剪去多余纸包铁丝。

新叶用浅绿色黏土制作

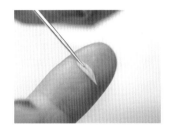

27 用浅绿色黏土制作嫩叶。

28 把嫩叶贴到30号纸包铁丝顶端。

29 用浅绿色黏土包裹枝干。

30 将浅绿色花苞的枝干微微弯曲，再斜剪掉多余枝干。

31 把花苞贴在主干顶部。

斜插

32 取一片浅色叶片，斜插入花苞下方的枝干。

33 以相同的方法往下贴花朵和叶片。花朵按照生长方向向外贴，叶片按颜色由浅至深贴。

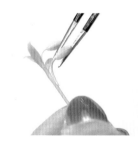

Name: clematis florida thumb
Laboratory: amen
Botdn family
Enjoy everything Home Natural See Original

068

3.5
铁线莲

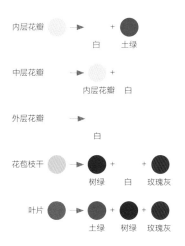

内层花瓣 ➝ 白 + 土绿

中层花瓣 ➝ 内层花瓣 白 +

外层花瓣 ➝ 白

花苞枝干 ➝ 树绿 + 白 + 玫瑰灰

叶片 ➝ 土绿 + 树绿 + 玫瑰灰

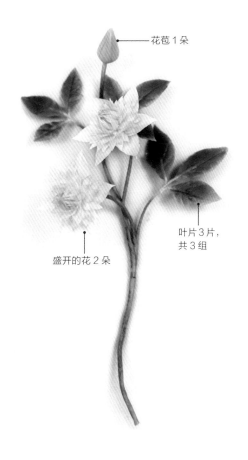

花苞1朵

叶片3片,
共3组

盛开的花2朵

小贴士

内层花瓣与中层花瓣用色相同,在黏土中加白,
再少量多次加土绿,调出内层花瓣的颜色;再取
少量内层花瓣的黏土,少量多次加白,调出中层
花瓣的颜色。
花苞与枝干颜色偏冷,因此加入了树绿。
叶片颜色深,且偏冷,如将黏土调成深绿色,则
很难与花的颜色协调。因此,将黏土调成饱和度
低的绿色作为基本色,后期再进一步上色。

重点

铁线莲多采用合瓣花的制作方法,其中,内层花
瓣为3层,中层花瓣为2~3层,外层花瓣为1层,
最后加1层离瓣花。
内层和中层花瓣颜色需过渡自然,在调色时需注
意控制深浅对比,深浅对比不可过于强烈。

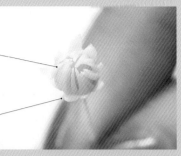

内层花瓣造型要点

1～2层花瓣不需擀开，且向内包裹；第3层花瓣需擀开，向外稍微展开；为了使花瓣细长，把水滴状黏土的尖头端剪开。

01 用制作内层花瓣的黏土，制作两个黏土球，然后放于一旁晾干。

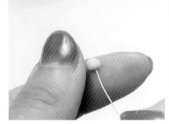

黏土需晾干待用

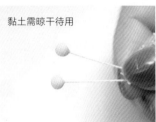

02 把黏土搓成水滴状。

03 从尖头端剪开黏土。

04 将尖头端黏土剪成10～12份，制作出最内层花瓣。

05 将内层花瓣与黏土球组合，将花瓣向中间聚拢；修剪掉多余黏土并抹平。

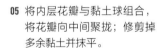

聚拢

06 以同样的方法再加一层花瓣。

07 同样取黏土搓成水滴状，将尖头端黏土剪成9~10份。

08 用开花棒将黏土擀开。

09 用丸棒轻压擀开的黏土，使其向内卷。

 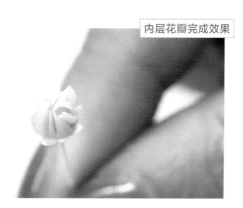

内层花瓣完成效果

10 组装花瓣，并剪去多余黏土。

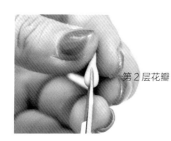 

第2层花瓣

11 取浅绿色黏土制作中层花瓣，第1层花瓣从尖头端剪开，第2层花瓣从圆头端剪开。

12 用开花棒将黏土擀开。

中层花瓣造型要点
制作中层花瓣依然先将黏土搓成水滴状，其中第1层花瓣从尖头端剪开；制作第2~3层花瓣，从圆头端剪开，这样便可使花瓣逐渐变宽、变大。

13 将花瓣一层层组装，花瓣逐层加大、逐层展开。

花瓣组装完成后，背面效果

外层花瓣完成效果

14 取白色黏土制作外层花瓣，制作方法参考步骤11~13。

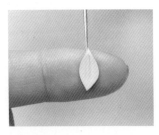

花瓣完成效果

15 取白色黏土搓成梭形，擀开后划出花瓣纹理。

16 用白乳胶将花瓣逐片贴好。

17 以内层花瓣的黏土球大小为参考，取同量的黏土搓成水滴状，再将纸包铁丝一端折成弯钩与黏土组合。

18 用镊子夹出花瓣的褶皱。

19 用相同颜色的黏土包裹枝干，并微微弯曲枝干。

20 把黏土搓成细长的水滴状。

21 制作中间叶片时，用开花棒把黏土擀开。

22 将中间叶片埋入用黏土包杆后的纸包铁丝。

浅齿

叶片制作细节

铁线莲的一组叶片由3片组成。在此案例中，部分叶片有尖头状浅齿。

23 制作侧面叶片时，需将水滴状黏土压平。

24 用剪刀在黏土一侧剪开。

25 将黏土擀开。

26 插入纸包铁丝，用叶片纹理模具压制纹理。

27 弯折两侧叶片的枝干，再剪断多余枝干。

28 把3片叶片组合粘贴好。

29 剪去多余上纸包铁丝，将花苞与叶片组装好。

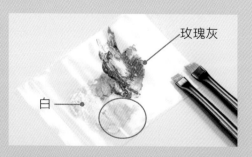

上色细节

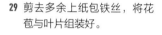

玫瑰灰

白

群青

灰绿

绯红

马尔斯棕

上色时需用两支笔刷，花瓣用色为大量白 + 玫瑰灰；叶片用色为土绿 + 群青 + 绯红；枝干用色为马尔斯棕。

30 在花瓣尖端上色，再用干净笔刷把颜料晕开。

31 花朵上色完成后，用黏土包裹枝干，再与花苞、叶片组合。

停止上色

32 在叶片尖端上色，再用干净笔刷将颜料晕染开。

33 先用马尔斯棕为枝干上色，再用干净笔刷将颜料晕染开。

3.6

郁金香

花瓣

叶片 7 ~ 8 片

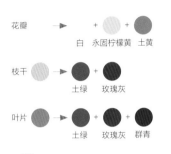

花瓣 ➡ + 白 + 永固柠檬黄 + 土黄

枝干 ➡ + 土绿 + 玫瑰灰

叶片 ➡ + 土绿 + 玫瑰灰 + 群青

小贴士

花瓣颜色浅，需先加白稳定黏土颜色，再少量多次加永固柠檬黄调成浅黄，最后加少量土黄降低浅黄的饱和度。

枝干和叶片的基础颜色都是土绿加玫瑰灰，但是叶片的颜色中玫瑰灰的比例小于枝干，这使得叶片的基础颜色饱和度高。注意，叶片的颜色呈现冷色调，需要向叶片的颜色中加少量群青。

花瓣组合效果

花瓣效果

重点

郁金香的花瓣制作涉及二次形态塑造，为了不破坏花瓣纹理，需要在黏土半干时，使用丸棒塑形。

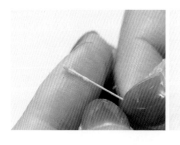

01 在纸包铁丝顶端包裹少量黏土。

花蕊造型效果

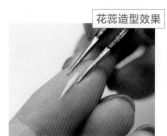

02 取少量浅黄色黏土，把黏土搓成细长条。

03 用尖头镊子在黏土侧面依次夹三次。

花蕊上粉效果

04 用清水稀释白乳胶，把花蕊浸入稀释后的白乳胶中。

05 蘸花蕊粉。

06 围绕步骤1制作的部件贴花蕊。

花朵制作细节

涂白乳胶
涂白乳胶

用丸棒制作勺状花瓣时，应沿着花瓣左右两侧逐步制作，不可用丸棒压花瓣中间区域。

叠加花瓣时，为了粘贴得更牢固，可在底层两片花瓣之间的根部和中部涂白乳胶。

07 把黏土搓成米粒状。

08 用开花棒轻压黏土中间区域。

09 分左右逐步擀开黏土。

10 从黏土顶端的尖角向内推。

11 在花瓣中间压两道凹痕。

12 将花瓣无压痕的一面朝上放置于手掌心中，丸棒沿着花瓣边缘轻压，使其卷曲。

花瓣效果

小贴士

花朵的内层花瓣小，外层花瓣稍大一些。

13 围绕花蕊贴三片花瓣。注意，花瓣有压痕的一面向外。

14 在底层花瓣的根部和中部涂白乳胶，错位叠加第二层花瓣。

15 半开的郁金香内层花瓣为3片，外层花瓣为2~3片。

16 全开的郁金香内层花瓣为5片，外层花瓣为4~5片。

花朵效果

由下往上

17 用黏土包裹枝干，黏土应裹厚一些，使郁金香枝干粗壮；再用硅胶笔由下向上抹平枝干与花瓣的接缝。

18 将黏土搓成梭形，再用开花棒轻压中间区域。

19 分左右两侧逐步擀开黏土。

20 用叶片纹理模具压制纹理。

21 用镊子将叶片从模具中取出。

22 将叶片贴在枝干上。

23 用硅胶笔将接缝抹平。

叶片尖端的红色为
后期上色

花瓣

尖刺朝下

3.7

玫瑰

小贴士

花瓣有两种颜色。一种是深灰粉色，先在白色黏土中加入玫瑰灰和少许马尔斯棕调底色，再加入少量的土绿降低饱和度。

另一种是浅灰粉色，在深灰粉色花瓣的黏土中，再加入白色黏土，便可提高明度。

叶片为橄榄绿，先在白色黏土中加入土绿调底色，再加入少量深粉色花瓣的灰粉色黏土，降低饱和度。

枝干比叶片颜色浅，可在叶片黏土中加入白色黏土，提高明度。注意，叶片和枝干的颜色普遍偏浅，需少量多次地加入颜料。

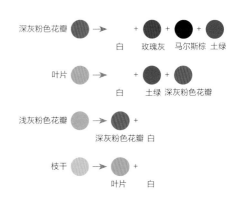

深灰粉色花瓣　→　＋　＋　＋
　　　　　白　玫瑰灰　马尔斯棕　土绿

叶片　→　＋　＋
　　　白　土绿　深灰粉色花瓣

浅灰粉色花瓣　→　＋
　　　　深灰粉色花瓣　白

枝干　→　＋
　　　叶片　白

重点

1. 内部花苞为圆润饱满的水滴状黏土。
2. 过渡至中层花瓣，需在底部贴一圈黏土，以便塑造饱满花形；内部花苞中下端鼓起，顶端聚拢。
3. 花瓣应错位粘贴，避免太过规则的形状出现；花瓣绽放时，花瓣高度由内层至中层递增，再由中层至外层递减。

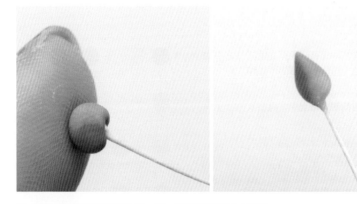

01 用黏土球包裹住纸包铁丝一端，再将其调整成水滴状。

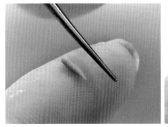

02 把黏土搓成细长的水滴状，再用开花棒擀开。注意，最内层花瓣小，取少量黏土即可。

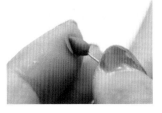

03 花瓣稍微比水滴状黏土高一些。

04 以相同的方法依次叠加花瓣。

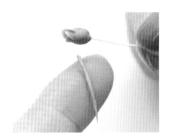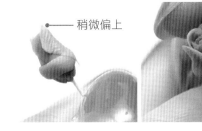

稍微偏上

05 搓一根细长的黏土条，贴在花苞中下端。

06 贴2~3片深灰粉色花瓣，稍微比花苞顶端高。然后换浅灰粉色黏土制作花瓣，使同一层花瓣的颜色有过渡。

小贴士

花瓣颜色由深灰粉过渡到浅灰粉时，需在同一层花瓣中过渡，深色与浅色应错落搭配，使颜色过渡更自然。

浅色

深色

深色

中层花瓣为浅灰粉色，先贴2层高度递增的花瓣，且花瓣顶端需卷边，但整体依旧为聚拢形态。

外层绽放的花瓣高度逐渐下降，且最外层花瓣向下翻卷，呈松散状。

07 制作中层花瓣时，需用开花棒轻压黏土边缘，再擀平，制作不规则边缘。

08 贴花瓣，并用手指卷曲边缘。

09 外层花瓣宽度渐增，并渐渐向下粘贴。

10 用镊子轻夹边缘，制作小褶皱。

11 外层花瓣的卷边范围增加，使其向下翻。

12 重复1~5步制作花苞，再直接贴浅灰粉色花瓣。

13 第3片浅灰粉色花瓣变宽，且需卷边。

14 粘贴外层花瓣时，需向下包裹花苞底部。

花朵效果

15 把花瓣边缘微微卷曲，再用镊子夹出褶皱。

16 玫瑰的部分花萼有分裂，在剪黏土时可适当剪出一些小裂口。

花萼效果

17 用丸棒由上至下轻压萼片，使其卷曲。

18 粘贴好花萼后，用开花棒调整外形。

19 将多余的黏土剪去。

20 用黏土包裹枝干。

21 将黏土放入透明书皮中擀开，再用叶片外形模具压出叶片。

22 用枝干去粘贴叶片，并将枝干埋入黏土中。

23 用叶片纹理模具压出纹理。

叶片制作要点

在制作叶片前，需用 35 号纸包铁丝制作枝干。

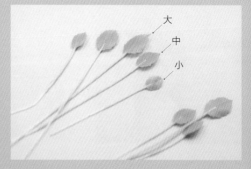

一组叶片有 3 ~ 5 片，叶片分大、中、小号。

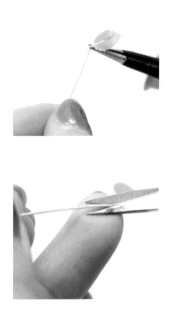

24 将中号和小号叶片的叶柄折一下，在折痕下方斜剪枝干。

25 在大号叶片的枝干两侧，用白乳胶将中号、小号叶片粘贴好。

叶片上色效果

26 用笔刷蘸红色色粉，在叶片尖端上色。

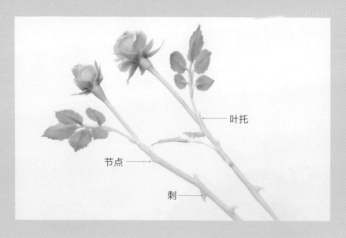

花、叶组合细节

1. 将一组叶片与主干粘贴后，需在粘贴处贴上一片叶托。

2. 稍微弯曲玫瑰的枝干，使其形态更加生动；可以在枝干上夹出一些凸起的节点，以突出枝干的特征。

3. 粘贴玫瑰刺时，需要注意刺的方向朝下。

叶托

节点

刺

27 以斜剪的方式剪去多余的枝干，将其贴到主干一侧。

28 取少量黏土擀成小叶片。

29 把小叶片作为叶托贴好。

30 用镊子轻夹主干上的黏土，表现主干上的节点。

31 将黏土搓成水滴状，再向上弯曲尖端，剪去圆头端；尖头向下粘贴，注意不要贴太多。

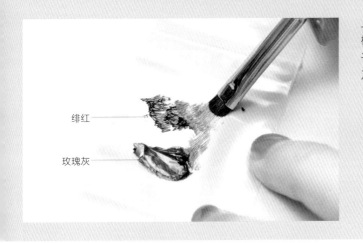

绯红

玫瑰灰

上色细节
枝干用色为绯红加玫瑰灰，主干上色要薄，主干上的节点以及尖刺上色要厚。

32 在枝干上端以及弯曲处上色。

33 在刺的尖端上色。

34 用干净的笔刷将颜料晕染开。

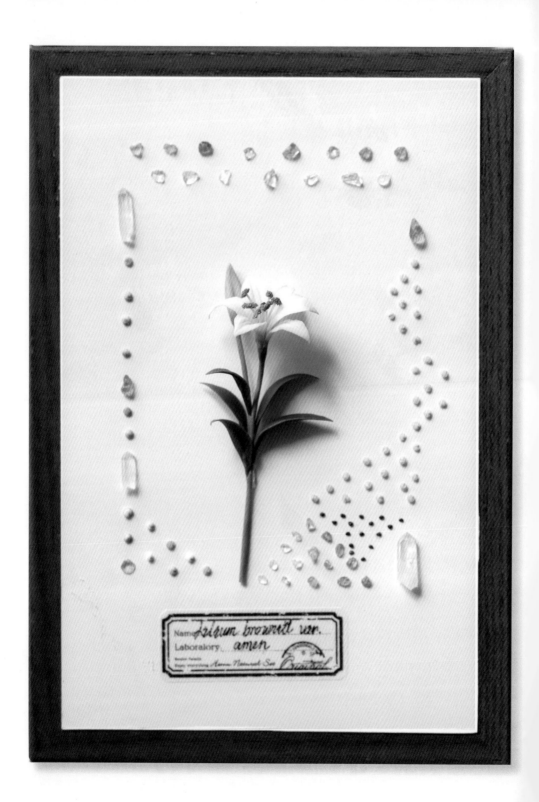

3.8

百合

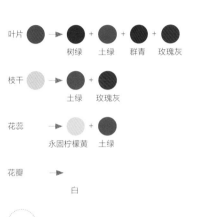

叶片 树绿 + 土绿 + 群青 + 玫瑰灰

枝干 土绿 玫瑰灰

花蕊 永固柠檬黄 土绿

花瓣 白

小贴士

叶片为较深的绿色，饱和度较低且色温偏冷，在加入玫瑰灰的同时需要加群青降低色温。

花蕊的颜色要呈现出透明的质感，直接在黏土中加入少量永固柠檬黄和土绿即可，无须加白色。

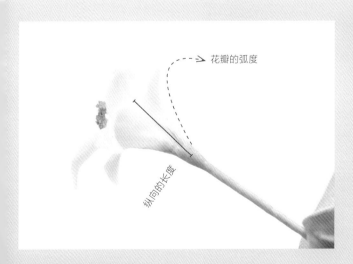

花瓣的弧度

纵向的长度

重点

1. 百合花为喇叭形，在制作花瓣的过程中，要体现出其纵向的长度和花瓣的弧度，不可过平。

2. 花蕊要足够长。

3. 在擀开花瓣边缘的过程中，要适当按压，边缘有一定的弧度。

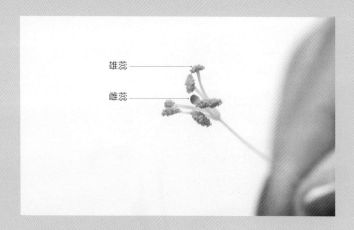

雄蕊

雌蕊

花蕊细节

花蕊由雄蕊和雌蕊组成，雄蕊需分别制作花药和花丝，再进行组合；雌蕊需能区分出柱头和花柱。

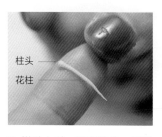

柱头
花柱

01 搓黏土时，预留柱头，用手指搓细花柱。

02 把纸包铁丝藏入花柱中。

雌蕊基础形

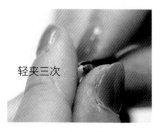

轻夹三次

03 用镊子轻夹三次柱头，使其形成小山造型。

04 用笔刷蘸取棕色色粉。

柱头形态

05 在柱头上刷棕色色粉。

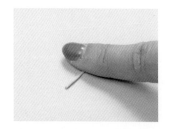

06 用手指将黏土搓成细丝。

需晾干

07 将黏土丝摆放平整，放于一旁晾干。

08 把黏土丝剪成1cm左右的小段。

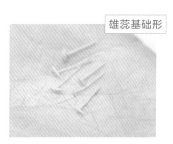

09 取少量黏土，将其搓成米粒状。

10 用镊子夹住花丝蘸取白乳胶，再与花药粘贴。

11 在花药上涂上白乳胶，再去蘸取花蕊粉。

花蕊效果

12 对齐雌蕊的底部，用白乳胶粘贴雄蕊。

花瓣制作细节
1. 百合的花瓣较大，在取黏土时可适当加大分量。
2. 百合的花瓣分内外两层，每层有三片花瓣，共六片。

一片花瓣的黏土量　　花瓣大小

13 将黏土搓成"两头尖、中间鼓"的细长条。

14 用开花棒将黏土擀开。

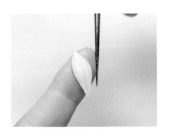

15 花瓣擀开后中间宽、两端窄，在花瓣中间压痕。

16 在花瓣底部埋入纸包铁丝。

花瓣效果

17 擀薄花瓣边缘。

18 用细节针在花瓣上划出三道划痕。

19 把花瓣微微向后卷曲，用相同的方法再制作五片花瓣，并晾干。

20 花瓣晾干后，剪去多余的纸包铁丝。

21 围绕花蕊贴三片花瓣。

22 与内侧花瓣相互错位，贴好外层三片花瓣。

23 花苞的黏土量大约为单片花瓣的两倍，先将黏土搓成梭形，再把一端剪成三份。

24 穿入纸包铁丝。

25 将花瓣聚拢。

26 用刻刀加深花瓣的轮廓。

27 依次捏出每片花瓣。

28 剪去底部多余黏土。

29 抹平底部黏土。

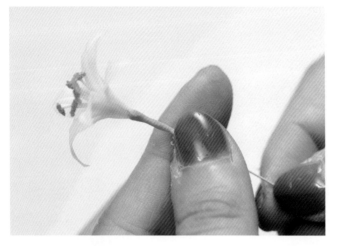

30 用黏土由上至下包裹枝干。

31 用擀的方法制作叶片。

32 用叶片纹理模具压制叶脉。

33 用细节针加强纹理。

34 在叶片底部埋入纸包铁丝。

35 把叶片向后卷曲，再多制作些叶片待用。

36 待叶片晾干后剪去多余的纸包铁丝。

37 准备土绿色油画颜料和两支笔刷，在花苞顶部上色。

38 用干净的笔刷向下晕染颜色。

39 加深花瓣衔接处的颜色。

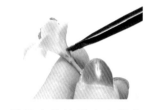

40 在花瓣根部上色。

41 用干净的笔刷向上晕染颜色。

42 组合盛开的百合与花苞。

43 加入叶片，并用黏土包裹固定。

44 向下包裹枝干。

45 将其他叶片斜插入枝干中。

第 **4** 章

进阶型案例

C H A P T E R   F O U R

4.1
角堇

花瓣 ➡ 白

花蕊 ➡ 白 + 永固柠檬黄 + 土黄

枝干 ➡ 土绿 + 玫瑰灰

叶片 ➡ 枝干 + 土绿 + 群青

小贴士

花蕊为浅黄色，在白色黏土中加永固柠檬黄，颜色太鲜艳，可加少量土黄降低饱和度。

叶片是偏冷的绿色，可取一半调好的枝干黏土，加土绿调深颜色，再加群青调出冷绿。

盛开的花

花苞

叶片

一层苔藓和一个花盆

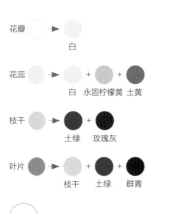

重点

1. 每朵角堇有 5 片花瓣，花瓣以左右对称的方式排列。
2. 花瓣为三色渐变，靠近花蕊处的黄色纯度高；涂中间的粉紫色时不可与黄色叠加；涂边缘处的蓝紫色时先与粉紫色叠加，形成渐变，再加深花瓣边缘的蓝紫色，形成柔和的三色渐变。

花瓣制作要点
1. 花瓣边缘薄、中间厚，变化平缓。
2. 花瓣边缘褶皱明显，制作褶皱时，用开花棒以一擀一推的方法，在花瓣边缘制作褶皱。

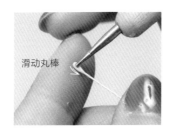

花蕊效果

滑动丸棒

01 取少量浅黄色黏土，嵌入30号纸包铁丝。

02 用丸棒压出凹槽

依次向两侧擀开

加大两侧

03 取白色黏土搓成水滴状，用开花棒轻压中间，再分别向两侧擀开黏土。注意，花瓣外形宽，表面平滑，需反复擀开，加大花瓣。

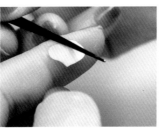

04 在擀薄花瓣边缘前，取下花瓣，再放回手指上，防止花瓣与手指粘连。

 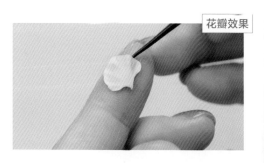

05 在花瓣边缘间隔式擀薄，然后再回推制作褶皱。

06 在花蕊底部涂白乳胶，将花瓣与花蕊粘贴。

小贴士

粘贴花瓣时，用手指捏紧花瓣底部，使黏土包裹枝干。

07 用丸棒轻压花瓣中部，使花瓣形成像贝壳一样平缓的凹面。

08 按照花瓣的褶皱，用手指轻轻地捏住花瓣边缘，加强褶皱效果。

小贴士

一朵角堇有5片花瓣，按照制作花瓣的方法制作其他4朵盛开花朵的花瓣。注意，其他花瓣可窄一些。

其他花瓣效果

花瓣上色要点

1.角堇的花瓣有三种颜色，且颜色由内向外渐变。为了使颜色清透、渐变自然，需用色粉上色。

2.花瓣上的纹理清晰，需用油画颜料勾画。

由内向外依次为黄、粉紫、蓝紫 　　　　永固紫＋群青

09 用笔刷蘸黄色色粉，在花瓣根部上色。

10 用笔刷依次蘸粉紫色和蓝紫色，由花瓣边缘向内刷色。注意，在花瓣边缘加重蓝紫色。

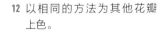

11 用勾线笔调和永固紫和群青，勾出花瓣上的纹理。

12 以相同的方法为其他花瓣上色。

花瓣组合及花朵造型要点

角堇的花瓣，以顶层花瓣的中线为对称轴，基本上左右对称排列。

 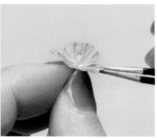

大致左右对称

13 用镊子夹住花瓣边缘，用花瓣根部蘸取白乳胶粘贴花瓣。

4

2

5

1

3

14 在第一层花瓣下方，一左一右地粘贴剩余2片花瓣。

15 把黏土搓成水滴状，用剪刀将尖头端分成5份，用开花棒将黏土擀开。

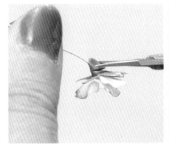 

16 把花萼粘贴于花瓣底部，剪去多余黏土，抹平切口。

17 在纸包铁丝上涂抹白乳胶，由下至上用黏土包裹纸包铁丝，再将花朵扭向一侧。

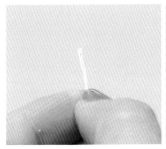 

18 把纸包铁丝一端折成弯钩，并在其上包裹黏土，将黏土调整为米粒状。

19 给黏土刷上蓝紫色色粉。

20 在花苞底部粘贴花萼，并将花苞转向一侧。

21 把黏土放入透明书皮中擀薄，取出叶片外形模具压制叶片，用镊子夹出多余黏土。

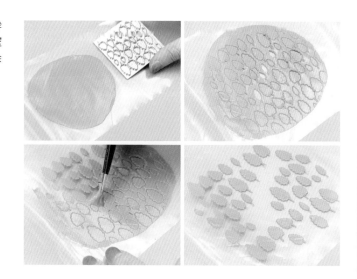

22 用包杆后的枝干按压叶片，再捏紧叶柄处，使叶片与枝干粘贴牢固。

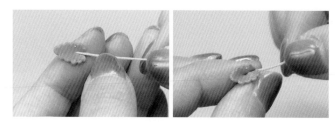

23 用叶片纹理模具压制叶脉，用手指轻压叶片尖端，使其向后卷曲。

24 以同样的方法制作出其他叶片，共制作25片左右即可。

25 在花盆中装入黏土，并在黏土表面涂抹白 乳胶。

26 平铺一层苔藓。

27 剪去多余的枝干。注意花朵与花苞要比叶片高，其枝干长度比叶片的枝干大致长两倍。

插入黏土中

斜插叶片

28 在花盆中心区域插入花朵和花苞，再围绕花朵和花苞插入叶片。

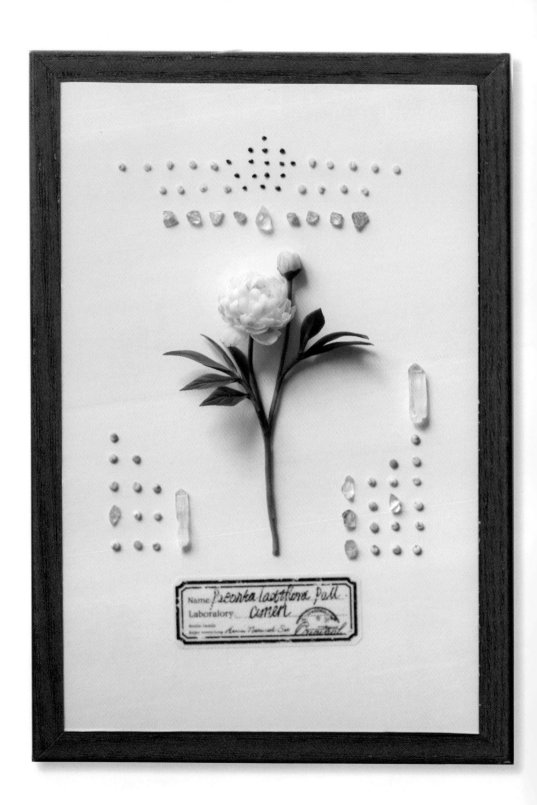

4.2

芍药

花丝
内层花瓣 ➤
　　　　　白

外层花瓣 ➤ ● + ●
　　　　　白　　玫瑰灰

雌蕊 ● ➤ ● + ●
　　　　　白　　树绿

枝干 ● ➤ ● + ●
　　　　　土绿　　玫瑰灰

叶片 ● ➤ ● + ● + ●
　　　　树绿　　群青　　绯红

小贴士

花瓣颜色分内外层，内层为白色，外层
为浅粉色。

叶片颜色是偏冷的深绿色，因此要选树
绿作底色，加入群青调色温，加入绯红
降低饱和度。

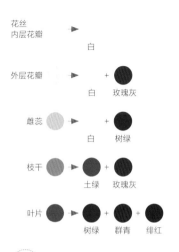

立马塑型

花瓣边缘

重点

芍药内层的花瓣相对较小，到
外层逐渐变大，擀好花瓣之后
需要马上用丸棒塑形，以使花
瓣呈现不规则的圆弧感。

芍药花瓣的边缘要呈现出不规
则的丝状质感，花瓣的裂口需
要丰富多变。

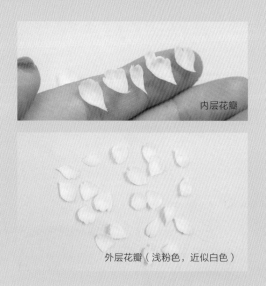

内层花瓣

外层花瓣（浅粉色，近似白色）

花瓣制作要点

1. 花瓣由内至外从白色变为浅粉色，其中白色花瓣需 10 片，浅粉色花瓣需 20 片。
2. 内层花瓣细长，外层花瓣较宽。
3. 内层花瓣顶端的裂口深，而外层花瓣的裂口浅。

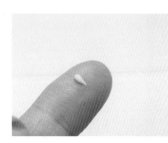

01 将黏土搓成水滴状，取30号纸包铁丝，在其顶部涂白乳胶，围绕纸包铁丝贴3个水滴状黏土。

玫瑰灰

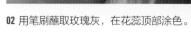

02 用笔刷蘸取玫瑰灰，在花蕊顶部涂色。

03 搓出白色黏土丝，晾干后剪成小段，围绕花蕊粘一圈。

花蕊效果

04 在花丝顶部涂白乳胶，再蘸取花蕊粉。

05 取白色黏土，将其搓成细长的
水滴状并擀开。

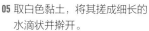

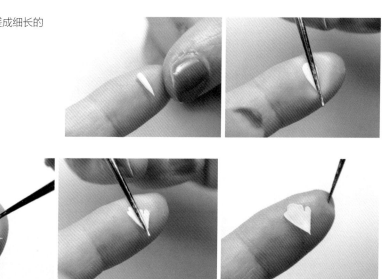

06 用开花棒将花瓣顶部黏土向内压，再擀平，使裂口平整，花瓣边缘变薄。

113

 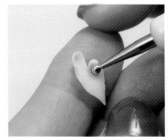 

07 用丸棒由外向内轻压花瓣，使其向内卷曲。

小贴士

内层花瓣的裂口大小和深浅可随意些，让花瓣形成不规则的造型。

08 取浅粉色黏土，可擀宽一些，以区别于内层花瓣；用剪刀在花瓣顶端浅剪出裂口，再用丸棒轻轻压出内卷的造型。

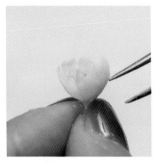 

09 围绕花蕊粘贴白色花瓣。粘贴内层花瓣时，将花瓣向内扣一些。

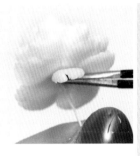

10 粘贴浅粉色花瓣，粘贴到最外层花瓣时，改变花瓣卷曲方向，使其向下卷。

11 紧贴小黏土球粘贴花瓣，去掉底部多余黏土并抹平黏土。

花苞制作要点

 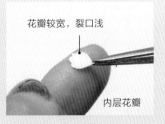 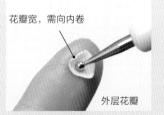

用白色黏土制作小黏土球，并晾干。

内层花瓣较宽，便于包裹小黏土球。

外层花瓣宽且卷曲，利于营造出松散、自然的待开放状态。

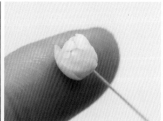

12 贴外层花瓣时，花瓣的顶部不需压实，使其呈现待开放的状态。

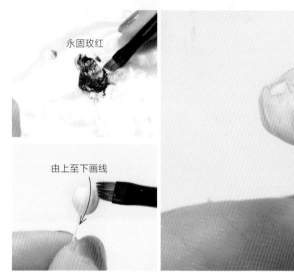

永固玫红

由上至下画线

13 用笔刷蘸永固玫红，在花瓣上画竖线，上色后用干净的笔刷将颜色晕开。

14 用同样的方法继续粘贴外层花瓣。粘贴完毕后用勾线笔在花瓣顶部画竖线，再用干净笔刷晕开颜色。注意，局部、少量上色。

15 制作萼片，先把黏土搓成梭形再擀开，用丸棒压出萼片的卷曲形态。注意，部分萼片可与椭圆形类似。

16 用黏土包杆，再贴萼片。注意，包杆和贴萼片的顺序不可变。

小贴士

制作盛开的芍药需先包杆，再贴萼片。如先贴萼片，则很难包杆。

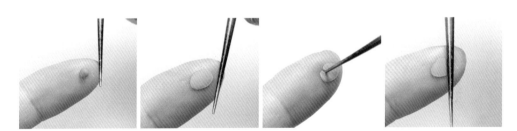

17 制作花苞的萼片，注意，花苞的萼片为椭圆形。先将黏土搓成圆球再擀开，在萼片边缘压出裂口，再擀平。

绯红 ——

玫瑰灰 ——

18 花苞的萼片顶端为红色，用绯红加玫瑰灰调色，在花苞的萼片顶端上色。

19 在花苞底部粘贴萼片，再用黏土包杆。

20 用黏土包裹13~15根纸包铁丝。

21 把黏土搓成梭形再擀开，在叶片根部嵌入枝干。

22 用细节针划出叶脉，用同样的方法制作其他叶片。

23 保留中间叶片的枝干，斜剪其他叶片的枝干，按照5片一组或3片一组进行粘贴。

24 在花苞的枝干上粘贴叶片，再用黏土固定衔接处，并向下包杆，以同样的方法粘贴盛开的芍药。

25 调和绯红和玫瑰灰，在花
枝的分枝处上色。

26 用干净的笔刷将颜料晕开。

27 用枝干的颜色为叶片上色，
先在叶尖上色，再将颜色
晕开。

Name: Muscari botryoides
Laboratory: omen

4.3
葡萄风信子

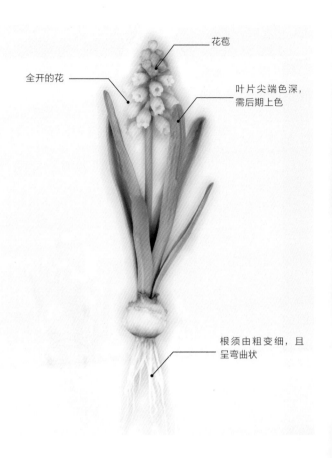

花苞

全开的花

叶片尖端色深，
需后期上色

根须由粗变细，且
呈弯曲状

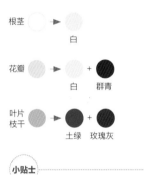

根茎 ⟶ 白

花瓣 ⟶ 白 + 群青

叶片
枝干 ⟶ 土绿 + 玫瑰灰

小贴士

花朵需二次上色，调黏土的颜色
时，不要将颜色调得过深。

重点

夹出花瓣的形状时必须用圆头
镊子。

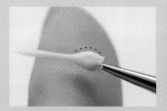

钟状花冠需用丸棒调整造型。

花瓣的朝向由向上逐渐变为
向下。

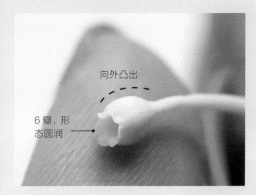

花朵造型要点
花瓣为 6 瓣，花瓣向下合成一个宽且稍短的钟状花冠。

向外凸出

6 瓣，形态圆润

01 取浅紫色黏土搓成圆柱状。

02 将黏土一端搓成细长条。

03 用开花棒在黏土圆头端戳出圆孔。

04 用圆头镊子夹住黏土，再向上提。

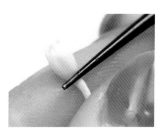

05 用圆头镊子对齐花瓣的裂口，夹出花朵的纹理。

06 把丸棒放入圆孔中轻轻地向外推，再沿着内壁转动丸棒。

07 用开花棒在花朵根部转一圈，使花朵根部平滑。

08 用于制作花苞的黏土要少一些，将黏土的一端同样搓成细长条。

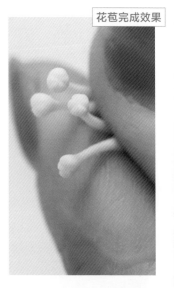

09 用刻刀在圆头顶端压出6道划痕。

10 花苞颜色偏永固紫，在花苞侧面涂色。

11 涂色后的效果。

12 用干净的笔刷将颜色晕开，晕色时向上下运笔。

花朵上色要点

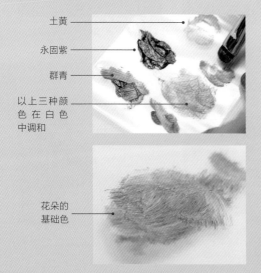

土黄

永固紫

群青

以上三种颜色在白色中调和

花朵的基础色

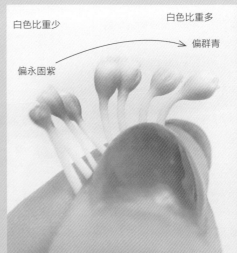

白色比重少

白色比重多

偏群青

偏永固紫

124

13 取土绿色油画颜料，在部分花苞顶端涂色。

约1/2处

14 在花朵下半部分上色，上半部分留白。

15 用干净的笔刷将颜色晕开。

给花苞上色分两种情况：一是只需上一次偏永固紫的颜色；二是在第一次上色的基础上，在顶端涂土绿色

颜色倾向不同的花上色效果

偏群青，色浅

16 颜色逐渐偏群青，白色比重增加，颜色变浅。

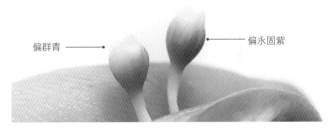

偏群青

偏永固紫

叶片造型要点

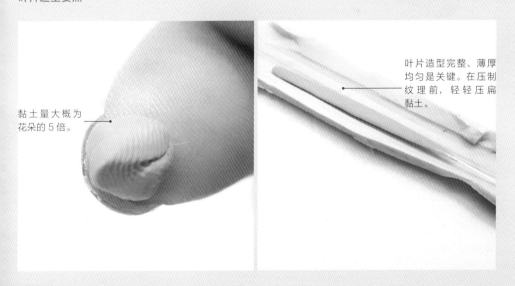

黏土量大概为花朵的5倍。

叶片造型完整、薄厚均匀是关键。在压制纹理前，轻轻压扁黏土。

17 将黏土搓成长条，把30号的纸包铁丝嵌入黏土中。

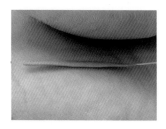

18 将黏土搓均匀，并轻轻地压扁。

19 将黏土放入叶片纹理模具中，再轻轻压制。

20 拿开上方的叶片纹理模具，用小刀裁剪边缘的毛边。

21 用手指将叶片两侧向内卷，为叶片造型。

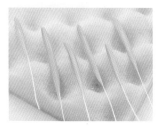

小贴士

叶片造型完成后，需将其置于海绵垫上晾干。

22 在树绿中加少量玫瑰灰调色。

23 在叶片尖端上色。

24 用干净的笔刷将颜色晕开。

25 取35号纸包铁丝，用绿色黏土包杆。

26 在枝干表面刷上花朵的基础色。

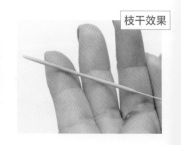

枝干效果

根部逐渐变长

27 剪去花朵底部多余的黏土。

28 垂直将一朵花苞贴于枝干，花苞顶端为双色。

29 第二圈贴三朵花苞。

30 在花苞的间隙中贴花苞，贴之前将花苞根部斜剪一刀。

31 将花朵从上至下粘贴，颜色由深到浅。

花朵完成效果

32 剪去叶片下方的纸包铁丝。

33 围绕花枝粘贴叶片。

34 叶片需区分长短，一般外圈的叶片短。

35 在叶片根部包一圈白色黏土。

36 用开花棒将黏土向上擀。

37 将边缘向上挑，使球状根系呈现洋葱皮状。

38 用镊子夹出洋葱皮的形状。

39 剪去多余的枝干。

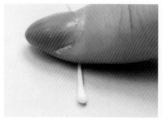

40 搓白色黏土丝作为根须，根须末端纤细且微微弯曲。

41 待根须干燥后，剪下纤细端备用。

42 将根须贴在球状根部下端。

43 用笔刷蘸取棕色色粉。

44 在球状根系与叶片的衔接处涂色，营造泥土效果。

45 在外翻的洋葱皮以及根须上涂上色粉。

4.4
大花飞燕草

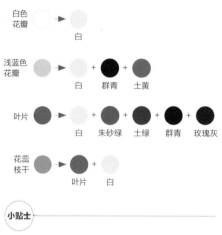

白色
花瓣 → 白

浅蓝色
花瓣 → 白 + 群青 + 土黄

叶片 → 白 + 朱砂绿 + 土绿 + 群青 + 玫瑰灰

花蕊
枝干 → 叶片 + 白

小贴士

花瓣呈现由白色到蓝色的渐变，蓝色部分用到了对比色调色法，加入少量土黄降低饱和度。

叶片的颜色是与花朵同色系的蓝绿色，色彩看起来协调统一。

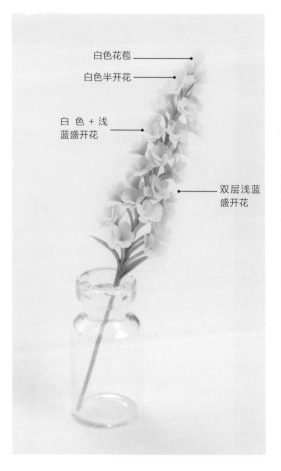

白色花苞

白色半开花

白色+浅蓝盛开花

双层浅蓝盛开花

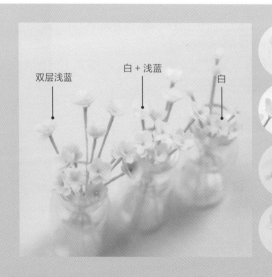

双层浅蓝

白+浅蓝

白

重点

花瓣的用色由白渐变至浅蓝，由上至下分别为白色花苞、白色半开的花、白色与浅蓝色组成的双层花、浅蓝色的双层花。

制作花苞时，需先制作合瓣花，再将合瓣花按照顺时针方向一瓣压一瓣地聚拢。

顶端花苞

主干

花瓣制作要点

1.顶端花苞的枝干为整株花的主干，需用 30 号纸包铁丝，其他枝干则用 35 号纸包铁丝。

2.花蕊用色与枝干用色相同，制作花蕊时只需在纸包铁丝顶端浅包一层黏土。

01 取白色黏土，搓成细长的水滴状。

02 把圆头端剪成五份。

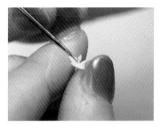

03 用开花棒将五份黏土擀开。

预留一段距离，涂白乳胶

04 将纸包铁丝缓缓穿入花瓣中，并预留一小段纸包铁丝于花瓣中，涂白乳胶。

05 花瓣按照顺时针方向，一瓣压一瓣排列。

06 捏住花瓣顶端，按照花瓣排列方向拧转。

花苞效果

07 把多余黏土剪掉，并抹平黏土。

大致需 40 根

08 在纸包铁丝的顶端包裹一小块黏土，并将黏土抹平。

半开的花

09 按照步骤1~3制作合瓣花。

10 把花蕊缓缓穿入花瓣中，并去掉下方多余黏土。

11 按照顺时针方向，将花瓣一瓣压一瓣排列。

白 + 浅蓝花朵效果

双层浅蓝花朵效果

12 制作双层的盛开花朵，不需将花瓣聚拢，直接叠加花瓣即可。

各色花效果

13 用黏土由上至下包裹纸包铁丝。

双层浅蓝花

白 + 浅蓝花

花苞与白色的花

14 用黏土包裹主干，主干稍微粗一些。

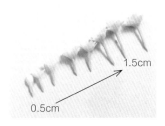

0.5cm 1.5cm

15 以斜剪的方式，把多余的花柄剪掉。

16 按照花朵的上下排序，花柄的长度由上至下依次递增。

17 往下贴3朵花苞。

18 错开上一层花朵，往下依次贴半开和全开的花朵。

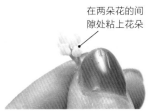

在两朵花的间隙处粘上花朵

整株花效果

19 擀开叶片，并用叶片纹理模具压出叶脉。

20 用白乳胶将叶片粘在花朵下方。

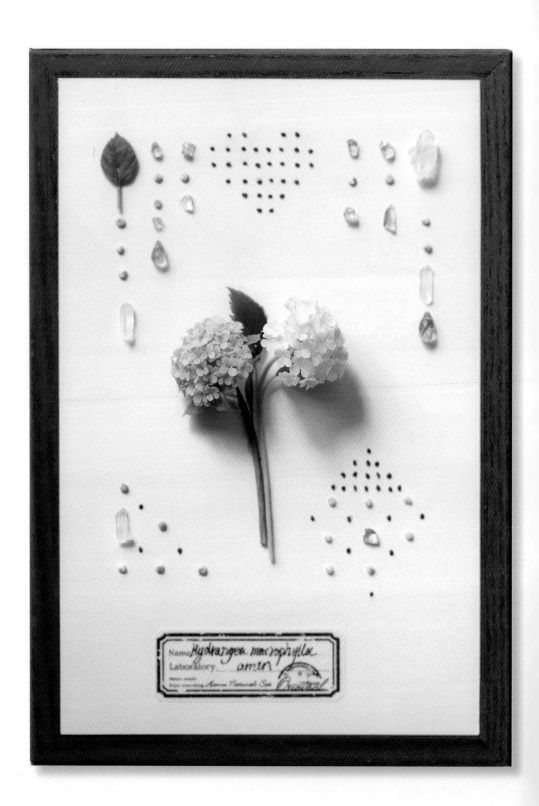

4.5
绣球花

花瓣

叶片

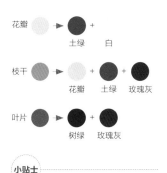

花瓣　→　●　+
　　土绿　白

枝干　→　　+　●　+　●
　　花瓣　土绿　玫瑰灰

叶片　→　●　+　●
　　树绿　玫瑰灰

小贴士

绣球花呈米白、浅绿等色，案例选取了浅绿色。调色时，选用不同的绿色调和花瓣和叶片的黏土色，并加入白色或对比色降低绿色的饱和度。

重点

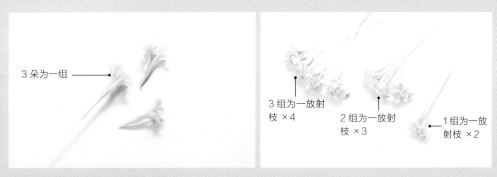

3 朵为一组

3 组为一放射枝 ×4

2 组为一放射枝 ×3

1 组为一放射枝 ×2

将3朵花并为一组，再以组为单位组合放射枝。其中，3组为一放射枝，需4枝；2组为一放射枝，需3枝；1组为一放射枝，需2枝。

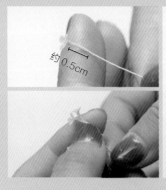
约0.5cm

花瓣制作细节

1.绣球花的四片花瓣联合成圆形管状花筒。管状花筒细长，在步骤1搓黏土时，需搓出细长条。

2.每组绣球花包含3朵，以其中一朵为主，穿入纸包铁丝，另外两朵则与之粘贴在一起。

花瓣用土
由此处开始搓

01 将黏土搓成水滴状，搓出细长条。

02 把圆头端分成四份。

03 用开花棒将黏土擀开。

04 用开花棒戳出花心。

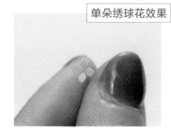

单朵绣球花效果

管状花筒

05 由上而下穿入35号纸包铁丝。

06 按步骤1~4的方法制作2朵花，再与步骤5的花粘贴在一起。

一组绣球花效果

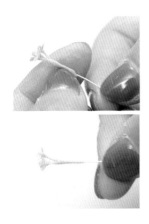

07 用黏土包裹花筒根部，既能起到加固的作用，又可制作花柄。

大约需 20 组

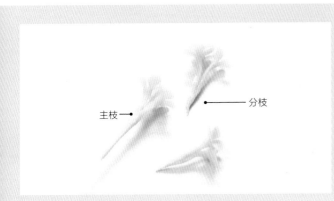

组合放射枝要点
一组放射枝可分为主枝和分枝。其中主枝需保留枝干，分枝则剪掉多余枝干，与主枝粘贴在一起。

主枝

分枝

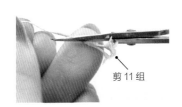

08 按照1:2或者1:1的方式，将主枝与分枝搭配组合，再斜剪掉分枝多余的花柄。

剪 11 组

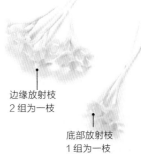

放射枝效果

09 把分枝与主枝粘贴在一起。

中心放射枝
3 组为一枝

边缘放射枝
2 组为一枝

底部放射枝
1 组为一枝

小贴士

绣球花的主干需粗壮一些，因此，把2枝中心放射枝粘贴在一起作为整株花的主干。

10 取两枝中心放射枝，用白乳胶粘贴在一起。

11 剪去其余放射枝多余的枝干。

绣球花效果

12 将所有放射枝粘贴在一起，呈球状效果。

13 用黏土包裹35号纸包铁丝，作为叶柄。

14 把黏土擀成薄片，用叶片外形模具压出叶片。

15 用叶柄对齐叶片主脉并向下按压，取出叶片。

叶片效果

16 用叶片纹理模具压出叶脉。

17 剪掉多余的叶柄。

18 用黏土包裹主干。

19 在绣球花底部粘贴两片叶片。

20 向下粘贴叶片，并用黏土包裹主干；用镊子夹出主干上的凸起。

21 在主干上薄涂一层马尔斯棕。

4.6
奥斯汀玫瑰

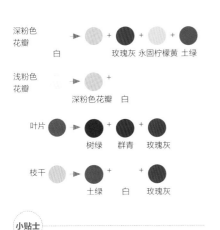

深粉色花瓣 ➡ 白 + 玫瑰灰 + 永固柠檬黄 + 土绿

浅粉色花瓣 ➡ 深粉色花瓣 + 白

叶片 ➡ 树绿 + 群青 + 玫瑰灰

枝干 ➡ 土绿 + 白 + 玫瑰灰

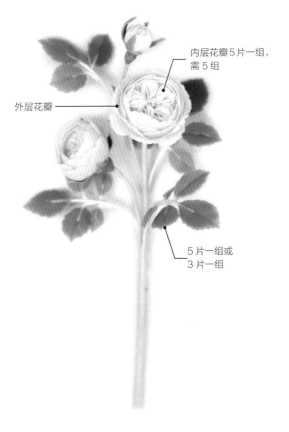

内层花瓣5片一组，需5组

外层花瓣

5片一组或3片一组

小贴士

花瓣颜色浅，在白色黏土中加入玫瑰灰调制基础色，加少量永固柠檬黄提高色温，用土绿降低饱和度。

叶片色相偏向蓝绿，需要加入较多的群青，同时加入少许的玫瑰灰稳定色相。

重点

玫瑰花形饱满。
在贴外层花瓣时，先贴一圈碗状黏土作为支撑，再贴花瓣，使花形饱满。

玫瑰内层花瓣有褶皱，5片花瓣为一组，制作5组。
取黏土时逐步增加分量。制作褶皱时，需擀薄黏土后，再向后推黏土。

内层花瓣　　　　盛开的玫瑰

花瓣制作要点

1. 内层花瓣与外层花瓣制作方法不同，内层花瓣为皱褶形式，外层花瓣为卷边形式。

2. 内层花瓣分5组，每组包含5片花瓣。

01 将黏土搓成水滴状，把尖头端剪成8份。

花蕊效果

02 把黏土固定在30号纸包铁丝顶端，在黏土丝上涂白乳胶。

03 用黏土蘸取花蕊粉。

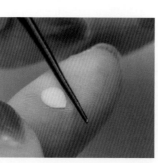

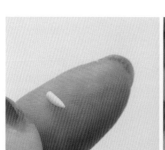

小贴士

内层第一片花瓣取土量较少，之后的花瓣逐步增加分量。

04 取浅粉色黏土，搓成水滴状再擀开。

05 压出花瓣边缘的形状,并擀平黏土。

小贴士

在制作褶皱之前,需取下黏土,置于食指侧面,以免黏土与食指粘连。

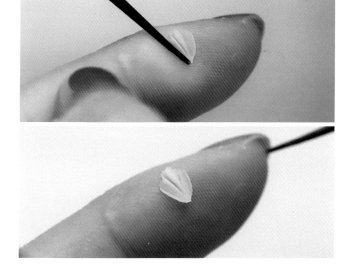

06 间隔式擀薄花瓣边缘,再往回推出褶皱。

5 组内层花瓣效果

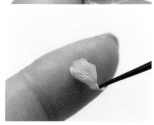

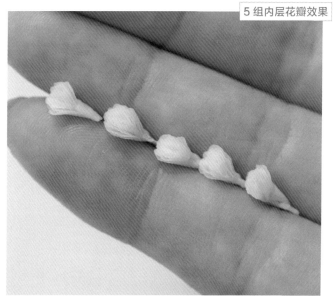

07 内层花瓣5片为一组,先对折第一片花瓣,再逐渐增大花瓣,并依次叠加对折。

08 围绕花蕊，粘贴5组内层花瓣。

09 用开花棒的圆头端把球状黏土压出凹槽。

10 把碗状黏土与内层花瓣组合。

11 以步骤4～5的方法制作花瓣。

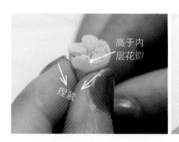

高于内层花瓣

捏紧

12 围绕内层花瓣粘贴步骤11的花瓣，花瓣边缘高于内层花瓣。粘贴花瓣后，捏紧花瓣底部。

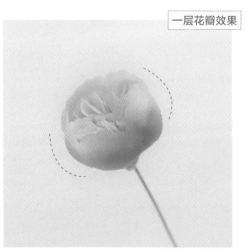

一层花瓣效果

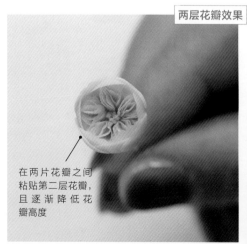

两层花瓣效果

在两片花瓣之间粘贴第二层花瓣，且逐渐降低花瓣高度

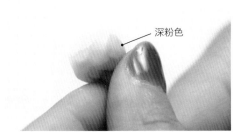

深粉色

13 在贴过两层浅粉色花瓣后，再贴深粉色花瓣。

向下粘贴

14 第二层深粉色花瓣逐渐向下粘贴。

15 粘贴完第三层深粉色花瓣后，用手指微卷花边，再用镊子夹出褶皱。

16 加一片向下翻的花瓣。

深粉色

向中间聚拢

17 制作半开的玫瑰，内层花瓣制作方法与上文一致，外层花瓣直接用深粉色，且粘贴时需向中间聚拢。

18 外层花瓣需贴4～5层，其中第二层比第一层更向中间聚拢，由第三层开始向下粘贴。

19 制作花苞，先擀制水滴形花瓣。

20 制作一个球形花心，将花瓣包住花心粘贴。

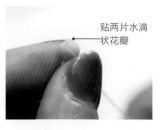

贴两片水滴状花瓣

21 用手指掐掉花瓣末端多余黏土。

22 第三片花瓣的边缘需压出有起伏的边缘形状。

23 以同样的方法粘贴花瓣。

24 粘贴第二层花瓣时，花瓣逐渐向下，露出内层花瓣。

25 制作出花萼，再用丸棒将萼片向内卷曲。

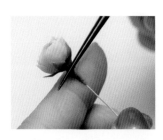

26 粘贴花萼，用开花棒轻压衔接处。

27 剪掉下方多余黏土，再抹平切口。

叶片制作要点
叶片 5 片为一组，顶部叶片大，两侧叶片向下依次变小。在制作叶片时，还需制作一组 3 片为一组的叶片。

28 枝干与叶片颜色相差大，需先制作枝干。

29 把黏土擀成薄片，用叶片外形模具压出叶片。

30 用叶片纹理模具压出叶脉。

31 制作一组叶片。

一组叶片效果

32 弯曲两侧的叶片，并剪去多余的枝干。

33 用黏土包裹花朵的枝干。

34 剪掉多余的叶片枝干，与花苞组合，再用黏土包杆固定。

35 组合其他花和叶，每增加一朵花或一组叶片，便用黏土包杆固定。

4.7

花毛茛

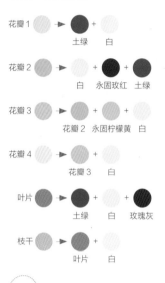

花瓣1 ➡ ● + ○
　　　　土绿　白

花瓣2 ➡ ○ + ● + ●
　　　　白　永固玫红　土绿

花瓣3 ➡ ○ + ● + ○
　　　　花瓣2　永固柠檬黄　白

花瓣4 ➡ ○ + ○
　　　　花瓣3　白

叶片 ➡ ● + ○ + ●
　　　　土绿　白　玫瑰灰

枝干 ➡ ○ + ○
　　　　叶片　白

小贴士

花瓣颜色要呈现自然的渐变，因此色彩间的差别要小一些。为了让其整体颜色偏暖，所以在部分花瓣中加入少量永固柠檬黄。

重点

盛开、初开的花毛茛（即常说的"洋牡丹"）及花苞配色各不相同，花瓣用色有浅黄绿、浅粉、暖粉、冷粉。

浅黄绿　浅粉　暖粉　冷粉

按照花瓣由内向外的排序，花毛茛三种形态的用色如下。

内 ――――――➡ 外

盛开的花

初开的花

花苞

盛开的花 ――

初开的花 ――

花苞 ――

花瓣制作要点

花毛茛的花瓣与银杏叶相似，擀制花瓣时需向两侧擀压黏土，顶部擀薄，以呈现花瓣宽大的效果，同时让花瓣包裹球状花心，塑造出饱满的花形。盛开的花毛茛从内至外花瓣数量如下图所示。

花瓣外形   大约5层   大约1~2层   大约3层   大约4层

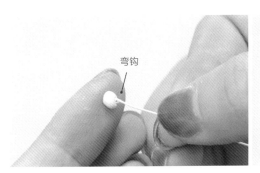

弯钩

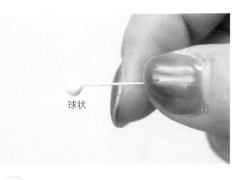

球状

01 制作盛开的花毛茛。将纸包铁丝一端折成弯钩，然后在其上包裹一个球状黏土。

小贴士

球状花心需提前制作并晾干，以便后期往上贴花瓣。

02 取少量浅黄绿黏土，将其搓成水滴状。

03 用开花棒由中心向两侧将黏土擀开。

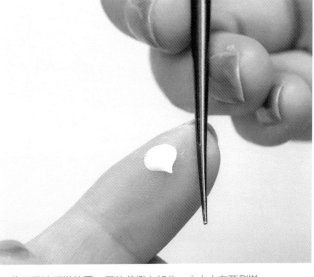

04 将开花棒稍微放平，压住花瓣上部分，由中心向两侧擀。

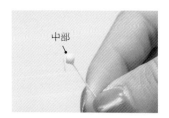

05 对齐球状花心中部，贴上花瓣。

06 收拢花瓣底部，去掉多余黏土。

07 把花瓣与球状花心贴严实。

08 对齐上一片花瓣的中线，继续贴花瓣。

09 露出底层花瓣的顶部边缘，继续贴第二层花瓣。

10 贴5层花瓣，大约需20片花瓣。

11 换浅粉色黏土，以上述方法制作花瓣，并贴2层花瓣。

12 换暖粉色黏土，以同样的方法制作花瓣，贴大约3层花瓣。

小贴士

从贴浅粉色花瓣开始，花瓣底部便不会多出黏土，可直接粘贴花瓣。

13 换浅粉色黏土，以同样的方法制作花瓣，继续贴大约4层花瓣，花瓣边缘稍微向外卷边。

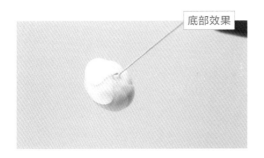 

底部效果　　　　　　　　　正面效果

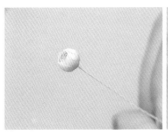 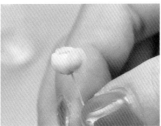 

14 制作初开的花毛茛。以同样的方法制作浅黄绿色花瓣，再依次贴2层暖粉色花瓣、3~4层冷粉色花瓣。

15 制作花毛茛的花苞。先制作一个球状花心，再贴2层暖粉色花瓣。注意，需露出浅黄绿色花心。

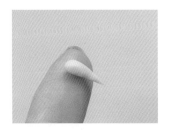

16 将黏土搓成水滴状。

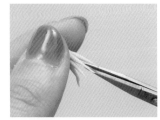

17 将尖端分成5份。

18 用开花棒擀开黏土。

19 用丸棒由上至下轻压叶萼，使其向内卷曲。

20 把花枝缓缓穿过花苞和花萼。

21 剪掉多余的黏土。

22 用丸棒压平花萼底部，使花苞和花萼粘贴牢固。

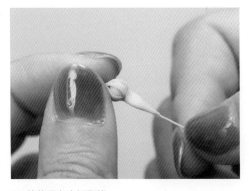

23 花萼需向中间聚拢。

24 用黏土包裹枝干。

25 把黏土搓成两头尖、中间鼓的细长条。

26 用剪刀将一端分成3份。

27 由中间向两侧把黏土擀开。

28 在叶片根部嵌入35号纸包铁丝。

29 用细节针划出叶脉。

30 用黏土由下至上包裹枝干。

31 晾干叶片。

32 准备两支笔刷和灰绿色油画颜料。

33 在叶片尖端刷上颜料。

34 用干净的笔刷将颜料向下晕染开。

上色后的叶片效果

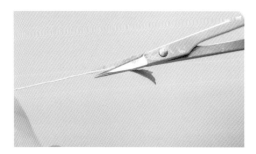

35 斜剪掉多余的叶片枝干。

36 在花苞的枝干上粘贴一片叶子。

37 斜剪掉花苞的枝干。

38 把花苞与盛开的花组合粘贴，并用黏土包裹衔接处。

39 以同样的方法粘贴花朵和叶片。

4.8
翠珠花

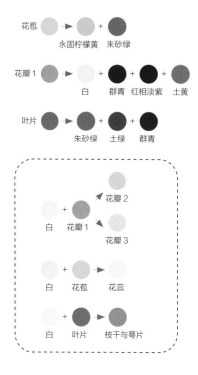

花苞 ● ➤ ● + ●
 永固柠檬黄　朱砂绿

花瓣1 ● ➤ ○ + ● + ● + ●
　　　白　群青　红相淡紫　土黄

叶片 ● ➤ ● + ● + ●
　　　朱砂绿　土绿　群青

○ + ● ➤ 花瓣 2
 白　花瓣1 ➤ 花瓣 3

○ + ● ➤ ●
 白　花苞　花蕊

○ + ● ➤ ●
 白　叶片　枝干与萼片

小贴士

调翠珠花的颜色时，先调出花苞、花瓣1、叶片的黏土颜色，然后在这三种黏土中少量多次加白色黏土，调出渐变色。

调花苞颜色时先用白加永固柠檬黄调出浅黄，再少量多次加朱砂绿；调花瓣1颜色时先用白和群青调出基础色，再少量多次加红相淡紫和土黄；调叶片颜色时先用朱砂绿和土绿调色，再少量多次加群青。

由内至外，花
从低至高渐变

由内至外，花瓣
从深至浅渐变

花朵制作要点
翠珠花是从外圈的花苞至中心
处的花苞一圈圈开放的；最外
一圈花的颜色最浅，向内逐渐
变深；外圈的花高，内圈的
花低。

01 取少量花瓣1的浅蓝紫黏土，
预留顶端部分黏土，把下方
黏土搓成细长条。

11 根

7 根

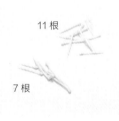

02 花苞有浅蓝紫和浅黄绿两种颜色，其中浅蓝紫色的花苞少，浅黄绿色的花苞多。再围绕30号纸包铁丝顶
部，粘贴花苞。

03 翠珠花的花苞由浅黄绿色向浅蓝紫色渐变，因此，需在浅蓝紫色的花苞顶部刷一层土绿色。

细长

04 按照步骤1的方法搓黏土。

05 用剪刀把圆头端分成5份。

06 用指腹轻压黏土尖角。

07 用开花棒依次擀开花瓣。

08 取少量用于制作花蕊的黏土，搓圆后用开花棒轻压中心。

09 将花蕊放入花瓣中心。

10 微微弯曲花筒，将花朵晾干，再剪去多余花筒。

小贴士

一枝翠珠花由三种颜色的小花组成，各色小花需10~11朵。其中花朵颜色越深，花筒则越短。

11 从颜色最深的小花开始粘贴，第一圈小花稍微高于花苞，第二圈小花稍微高于第一圈小花，依次类推。

小贴士

初开的翠珠花，花苞需多一些，且花朵的高度不需要一致。

12 取少量用于制作花萼的黏土，先搓成水滴状，再将尖头端剪开，分为15份。

13 把初开的翠珠花枝干由上至下穿入花萼。

14 花萼与翠珠花粘贴牢固后，用手指将萼片向内卷曲。

15 剪去多余黏土，并抹平切口。

16 一手捏住黏土向上转动，一手向下扯住纸包铁丝；再用手指将黏土搓光滑。

小贴士

用相同的方法为另一枝花制作花萼和枝干。

翠珠花枝组合效果

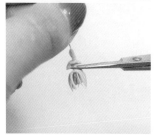

17 为花苞贴两层花萼，每贴一层花萼都需修剪多余黏土并抹平切口，且萼片向中间聚拢。

初生花苞制作要点
初生花苞颜色深，需先制作浅黄绿色花苞，再用土绿色油画颜料为花苞上色。
初生花苞需制作两层花萼。

18 把黏土搓成细长条，再稍微压扁。

19 用剪刀把黏土一端分成3份。

20 将黏土擀开。

21 在叶片根部嵌入35号纸包铁丝。

22 用细节针划出叶脉。

叶片效果

23 把花苞和初开的花组合，并用黏土包杆。

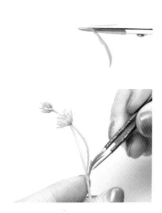

24 剪去多余的叶片枝干，再涂上白乳胶，斜插入主干中。

25 以同样的方法组合剩余花枝和叶片。

4.9
风铃草

花瓣 ➤
白

枝干
花蕊 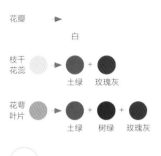 ➤ ● + ●
土绿　玫瑰灰

花萼
叶片 ➤ ● + ● + ●
土绿　树绿　玫瑰灰

小贴士

花卉整体为简单的白绿色系。花瓣的用色为直接在黏土中加白，稳定色相。

枝干和叶片等使用绿色黏土，需注意色彩协调。

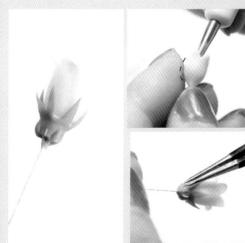

重点

塑造风铃草的钟状造型，需要用蘸取爽身粉的丸棒，耐心地从内部一点点推出弧形轮廓，底部一定要圆润。
萼片底部的花托为球状，且底部有褶皱。

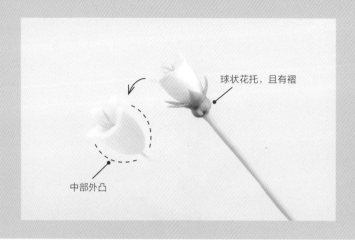

球状花托，且有褶

中部外凸

花朵制作要点

1. 风铃草的花形为钟状，花筒较长，中部外凸；花瓣裂口浅且外卷。

2. 花托为球状，花托上有褶。

01 取少量浅黄绿色黏土搓成水滴状。

02 把尖头端剪成五份。

03 取35号纸包铁丝，将其嵌入黏土中。

04 剪去多余黏土，并抹平切口。

花蕊效果

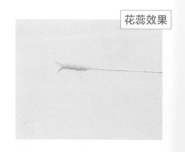

05 在黏土的底部涂白乳胶，再蘸取花蕊粉。

166

小贴士

风铃草花瓣较小，不需要剪太深。

06 风铃草花形为钟状，将黏土搓成椭圆状，有利于后期造型；将黏土顶端剪成5份。

小贴士

擀开黏土时，开花棒需竖放。

07 将中间黏土向外擀开，注意保持钟状花形。

08 用丸棒蘸取爽身粉，再塑造风铃草的钟状造型。

09 组合花蕊与花瓣。

10 用细节针划出花瓣上的纹理。

11 在指腹上用丸棒轻压花瓣背面，使花瓣向外卷曲。

12 用细节针轻轻压出花筒上的纹理。

13 把黏土搓成水滴状，将尖头端分成6份并擀开，再用蘸有爽身粉的丸棒轻压萼片，使其向内卷曲。

14 组合花萼与花瓣，用开花棒轻压萼片底部，剪去多余黏土，塑造球状花托。

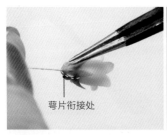

萼片衔接处

15 对齐萼片衔接处，用尖头镊子轻夹黏土；再用开花棒轻压花托底部黏土，给花托制作出褶皱纹理。

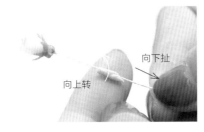

16 在枝干中部包裹黏土，再一手向下扯纸包铁丝，一手向上转动黏土。

向下扯

向上转

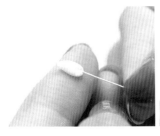

17 取小块白色黏土，嵌入35号纸包铁丝，并将黏土调整为米粒状。

18 用尖头镊子夹出5片花瓣。

花苞上色效果

19 用笔刷蘸取土绿色，从花苞底部向上刷色，再用干净笔刷晕开颜色。

小贴士

制作花苞必须先上色，后粘贴花萼。

20 依据步骤13～15的方法制作花萼。

169

21 把黏土搓成梭形再压扁，嵌入36号纸包铁丝。

叶片效果

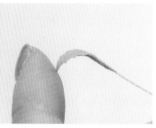

22 用叶片纹理模具压出叶脉，卷曲叶尖。

沾水划出纹理

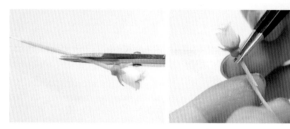

23 用30号纸包铁丝制作主干，在颜料盖上涂抹清水，划出主干上的纹理。

24 斜剪花朵的枝干，将花朵粘贴在主干顶部。

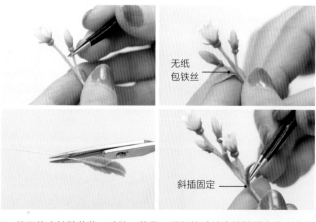

无纸包铁丝

斜插固定

25 往下依次粘贴花苞、叶片、花朵。顶部的叶片直接粘贴在主干上，下方的叶片斜插入主干内。